Des tartes pas comme les autres

Des tartes

pas|comme les autres

Pour ne plus tourner en rond

Virginie Garnier

Sommaire
目錄

再也不會看到吃剩的派皮邊被留在盤子上了，
塔派麵團回歸其應得的光榮時刻。
因為一道美味的派皮幾乎等同於糕點，能被單獨品嚐。

或許我們沒察覺到，但麵團可説是塔派中最重要的部分。它能為香醇濃稠的餡料襯出十分酥脆的口感，或是帶有些許「奶油味」來平衡既有的酸味。

首先，麵粉有各式不同種類，通常都比傳統的白麵粉還要好。再者，塔派麵團是能被塑形的麵團，可將它塑形成球狀，也能利用它來做出各種塔派裝飾。

沒錯，本書中每道食譜都能使用現成塔皮來替

代……不過自己手作塔皮麵團十分簡單又美味，若你能發現一道完美食譜，就再也不會放棄自己製作塔皮麵團了。

但這世界上存在著為數眾多的塔派食譜，也有同樣多種類的麵團食譜。就我而言，實在無法選出哪種是我最鍾愛的，得依填入的餡料而定……就算存在這麼多種食譜，它也是從同一系列的基礎材料變化而來：麵粉、油脂、雞蛋，有時加些水……僅此而已！剩下的材料完全能被預料，只要麵團能撐得住，也遵循它的平衡原則，各種你所喜愛的食材都能放入。

我經常製作塔派，因為它的口感絕妙又十分簡單，在我的冷凍庫裡一直都存放著預先準備好的麵團，我也會將手上現有材料都使用在塔派裡。因為它能療癒人

心、容易製作、樸實不奢華，也因為非常美味，經常能帶來驚奇，讓塔派不僅是塔派而已。

書中，我想為各位提供幾道我最愛的食譜，同時也是最容易成功的，其中也有特別為本書所創造的食譜。

我以季節做為靈感來發想，還有我母親的塔派食譜、我出生的南法地區、旅遊經驗，以及當下希望使用的

Intro
前言

方法及一直存在我頭腦裡的點子等等。這些都是既簡單、夠快速又極盡可能展現美味的塔派食譜。

我經常會聽到朋友問我説：「妳在麵團中放了什麼？真的太好吃了……」。好吧，拿去，我再給你們一小塊，讓你們來猜猜看囉！

維吉妮‧卡尼葉
Virginie Garnier

Avant de commencer...
開始製作之前…

**製作塔派麵團
3 種主要材料：**

奶油、蛋與麵粉。
這是製作出美味塔派麵團的
3 種基礎原料。

奶油

最好的奶油為
手工攪拌奶油；
在某些甜味塔派食譜中
也能夠使用原味或半鹽奶油。

雞蛋

關於雞蛋，
建議使用有機雞蛋。

麵粉

麵粉有數十種不同種類，尤其在有機商店裡，我們太常侷限於白麵粉，它也並非最好的選擇。**斯佩爾特小麥麵粉**（Spelt flour）會讓麵團更有質樸鄉村感（也更為有趣，因為麵團含有更豐富的維他命與纖維質）。加入傳統的白麵粉與全麥麵粉也沒有問題，或是**蕎麥麵粉、小米粉、裸麥粉**都行。

每種麵粉都能替麵團帶來特殊風味，與不同的餡料搭配也會產生不同風味。

編註：在法國，依灰分（礦物質含量）不同，麵粉可分為 T45, T55, T65 等不同種類。本書派皮部分，建議使用台灣的低筋麵粉，讀者可依個人喜好選用。

小撇步

為何麵團會黏手指？

唯一的原因就出在比例上，得做出正確判斷。倘若麵團太過黏手，則必需要加入些許麵粉；反之如果麵團太乾，就再加入一湯匙的水。

Le secret d'une pâte qui a du goût :
美味麵團的秘訣：創意滿點！

就連攪拌麵團也能夠創意十足。得留意這些加進去的材料水分不會太多，麵團才會有黏性、不會太濕，才能維持到擀麵與烘焙的時刻。

製作甜麵團時，使用細白砂糖、糖粉、黃砂糖、紅糖、或椰子糖都能得到不同風味及硬度，並且在烘焙時，也能形成派皮邊緣焦糖化與咬勁脆感。

若要讓麵團更細緻更有黏稠度，只要加入碾碎或磨成粉末狀的乾果。在甜麵團裡，最常使用的就是杏仁粉，也能使用榛果粉、核桃粉、松子粉、開心果粉等等。

塔派麵團也能變得像餅乾一樣，只要加入可可粉、檸檬皮屑、葡萄乾、椰子片與碎花生等食材。

鹹麵團的製作，各種不同的香草就能派上用場，請盡情使用各種香料吧。我個人喜歡在蔬菜類派塔麵團裡，加入一湯匙的切達起司或康堤乳酪，這樣一來就能立刻簡單賦予塔派獨特風格。

Les 3 recettes de base
3 種基礎食譜

如同在所有食譜書裡,無庸置疑,麵團與味道有關(還有顏色)。
對我來說一種非常棒的油酥派皮麵團食譜,或許會不符各位預期。
因為我們都有所不同,使用不同產品,烤箱也不同……。再者,烹飪也要有點魔法。
因此花了好幾星期在廚房試驗後,終於得到我的基礎麵團製作食譜,
這些食譜做出來的成果最佳、
效果最為穩定、最符合我的美食準則。只需冷凍保存就能備著隨時使用。

La pâte feuilletée ultra rapide sans tournage
快速的免折千層派皮麵團

沒錯,千層派皮其實還挺複雜的,但它也相當美味!
這份食譜非常簡單,來試試看吧!

200 公克麵粉
240 公克冰奶油
90 公克冰水
4 茶匙糖
1 撮鹽

前一天:先將一瓶水放入冰箱裡備用。

製作當天:將奶油切成小塊,放入冷凍庫裡冰 15 分鐘。

取攪拌盆,將奶油、麵粉、糖與鹽攪拌在一起,並用
指尖粗略拌攪,奶油形狀應該還是能看得出來。

慢慢加入冷水,接著快速揉捏直到形成有黏性麵團為
止。塑形成一球麵團再以保鮮膜包起來,放入冰箱裡
冷藏至少一小時。

La pâte brisée

酥脆派皮麵團

在此，首先要將軟奶油單獨攪拌至膏狀奶油，接著加入麵粉及其他材料。

有足夠彈性的麵團才能在烘烤時使派皮光滑有咬勁。

鹹麵團版本

200 公克麵粉

90 公克切成小塊軟化奶油

2 湯匙水或冷牛奶

1 顆蛋

1 撮鹽

甜麵團版本

提供給饕客的酥脆派皮甜味版本

125 公克切成小塊的軟奶油

200 公克麵粉

50 公克糖粉

50 公克烘焙用杏仁粉

1 顆蛋

1 撮鹽

在攪拌機容器裡，將軟化奶油攪拌成膏狀，接著倒入麵粉。若是要製作甜麵團，加入糖與杏仁粉，最後再加入蛋與其他材料。攪拌均勻後塑形成球狀，以保鮮膜包起來，放在冰箱裡至少一小時，再擀麵皮。

La pâte sablée, salée ou sucrée
油酥派皮麵團，鹹味或甜味

特點是起奶油還是冰的時候，加入麵粉與糖，以指尖混合攪拌至呈現沙子狀。

由於奶油沒所有麵粉和糖充分包覆，烘烤後就能得到酥脆又融合的質感。

甜麵團

200 公克麵粉
125 公克切成小塊冰奶油
100 公克細白砂糖
1 顆蛋
1 撮鹽

鹹麵團

200 公克麵粉
90 公克切成小塊冰奶油
1 顆蛋
1 湯匙水
1 撮鹽

在攪拌盆裡，將小塊冰奶油以指尖與麵粉混合成「沙子狀」，也是指快速混合麵團，不揉捏麵團，只用手指將麵團搓碎成顆粒狀。接著加入鹽、雞蛋，製作甜麵團時加入細白砂糖；製作鹹麵團時則要加水。均勻混合，塑形成球狀麵團，並用保鮮膜包起來，放入冰箱冷藏至少一小時，再擀麵皮。

Le tour de main
製作手法

在此，將派皮鋪入模型裡

3　仔細將麵皮擀至約 0.5 公分厚度、
　　直徑比模型大上 4～5 公分的圓形薄片狀。

4　為了避免麵團破裂，
　　先以擀麵棍將麵團捲起。

7　將超出模型的麵皮往內折回一些，
　　並用大拇指沿著模型邊緣壓緊。

8　利用擀麵棍沿著模型上方擀過，
　　就能將多餘的麵團切斷。

将工作檯、你的雙手與擀麵棍都撒滿麵粉。

2 毫不猶豫地再撒一次麵粉，避免麵團黏住。
並將模型仔細地抹上奶油與撒上麵粉。

於模型上方攤平，並且預留超出模型邊緣的空間。

6 輕輕提起麵皮邊緣，恰好放進模型底部並且服貼
角度。用手指將麵皮與模型底部及側邊壓緊密。

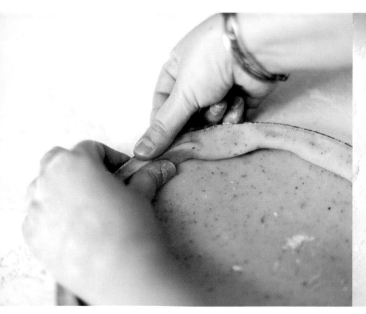

一邊將派皮邊緣壓向模型側邊，一邊控制派皮高度。
重複幾次動作，直到邊緣厚實又堅固。

10 使用叉子在派皮底部戳幾個洞。

Les tourtes
餡餅

為了製作出餡餅上方的美麗裝飾，
得預先製作好雙倍麵皮，
並且要用烘焙刷子沾取蛋液來將麵皮黏好。

做出網狀麵皮，先將麵皮切成條狀。將條狀麵皮交叉擺好，一條上、一條下，直線與水平交錯。若條狀麵皮太軟，好像快要斷掉的話，請將它先冰到冷凍庫裡幾分鐘，就能使它變硬也比較結實。

製作重疊裝飾麵皮，使用模型來切割。將麵皮切割出足夠數量的形狀，並用蛋液來黏合。一律從模型邊緣開始，接續將麵皮連接在一起，最後於中央收尾。

Les bordures
塔皮邊緣裝飾

1

4

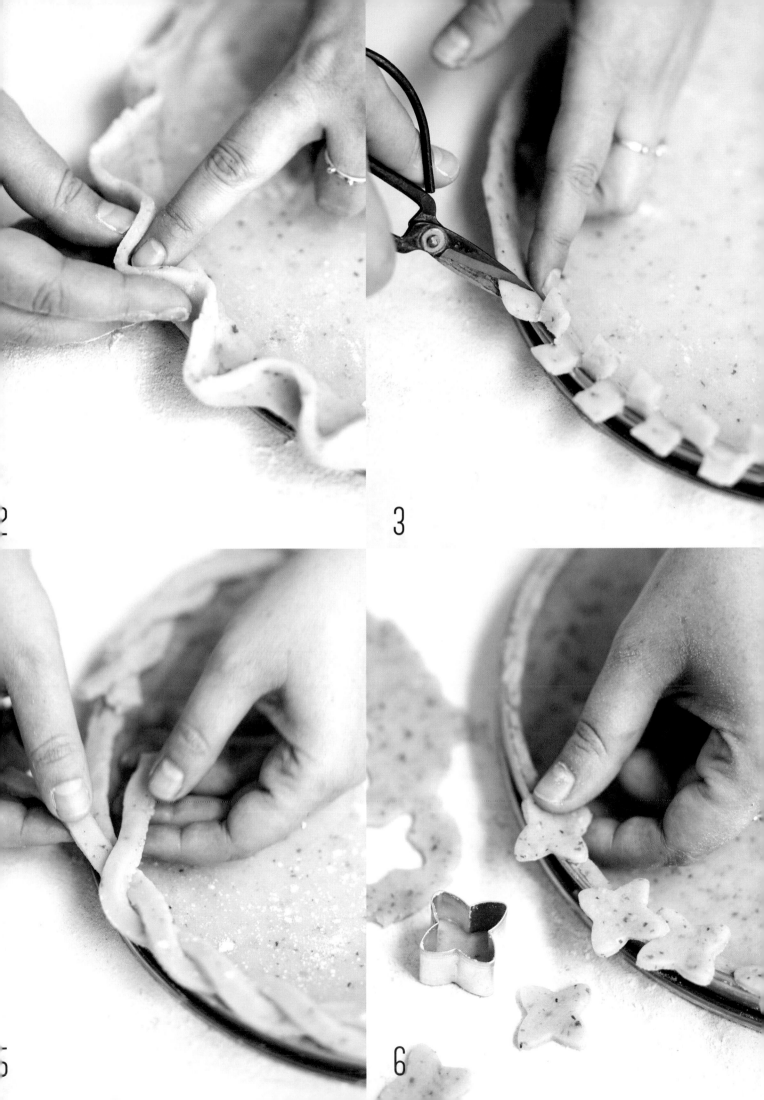

Printemps – Été

春／夏食譜

分量	準備時間	烘烤時間	靜置時間
4 到 6 人	15 分鐘	15 分鐘	1 小時

Déjeuner sur l'herbe
午餐香草鹹派

成熟番茄，佐巴薩米克醋及鹽之花，
搭配抹上大蒜的橄欖油麵團。

發酵麵團
150 公克杜蘭小麥麵粉（Durum wheat）－½ 包酵母粉（1 包約為 5 ～ 8 克）－1 顆蛋
4 湯匙＋烘焙時所需少量橄欖油－1 撮鹽

餡料
500 公克放置室溫下的各色成熟番茄
1 瓣大蒜－適量橄欖油－適量巴薩米克醋
3 或 4 撮鹽之花

製作發酵麵團：將 4 湯匙酵母加入溫水中攪拌均勻。將麵粉、橄欖油、鹽、蛋、還有攪拌好的酵母，一起用手攪拌均勻或是用攪拌器拌成麵團。麵團攪拌融合後，塑形成球狀，以乾淨的布覆蓋，放置室溫下醒麵至少 1 小時。

將烤箱預熱至 210℃（th. 6-7），在撒好麵粉的工作檯上，將麵團擀成約 0.5 公分厚的薄片。將派皮放在鋪好烘焙紙的烤盤上，用叉子在底部以同等間距戳些小洞，淋上一點橄欖油，放入烤箱烘烤 15 分鐘。

直到派皮呈現金黃色，將它從烤箱中取出放涼。

以季節來入味的夏季鹹派，多汁又充滿蒜香，味道恰如其份。

製作餡料：大蒜對切兩半，在烤好的派皮上來回塗抹。將番茄切片，擺在派皮上，淋上橄欖油、巴薩米克醋，並撒上些許鹽之花。盡快品嚐！

分量	準備時間	烘烤時間	靜置時間
10 個	30 分鐘	30 分鐘	1 小時

Aux p'tits oignons
小洋蔥反烤塔

洋蔥與紅蔥頭炒熟上色，搭配簡單版的千層派皮麵團。

千層派皮麵團
240 公克冰的切丁半鹽奶油－ 200 公克麵粉

餡料
3 顆洋蔥－ 10 幾個紅蔥頭－適量百里香－ 4 湯匙橄欖油
1 茶匙糖－適量鹽、胡椒

前一晚： 先將一瓶水放入冰箱裡備用。

製作千層派皮麵團（請見技巧 P.14）： 將切丁的冰奶油與麵粉倒入攪拌盆裡。用手指先將材料混合在一起，加入 90 公克的冰水，攪拌直到麵團均勻為止，塑形成球狀，在用保鮮膜包起來後，放入冰箱靜置約 1 小時。

烤箱預熱至 180℃。

準備餡料： 剝去洋蔥皮，橫切成圓形薄片狀。將紅蔥頭剝皮，依長邊切成數條，輕輕放入平底鍋以橄欖油煎熟，每面約加熱 5 分鐘左右。撒上鹽及胡椒，待呈現金黃色後，轉為小火，加入糖、百里香然後蓋上蓋子。

在一個烤盤鋪上烘焙紙，放上十個約直徑 10 公分的圓形塔模。於每個塔模底部放上圓片洋蔥及紅蔥頭。另於撒了麵粉的工作檯上，將麵團擀成 0.5 公分厚的薄片，再把麵團切分成與塔模同樣大小的圓狀麵皮。

將切好的圓形麵皮放在洋蔥及紅蔥頭的上面。剪下圓形麵皮大小的烘焙紙蓋在上方，並且以烘焙石壓好，以免麵團膨脹。將烤盤放入烤箱中，讓洋蔥塔烘烤約 30 分鐘。

待要脫膜時，以抹刀協助，先使洋蔥塔與烤模分離，再倒扣，避免圓形薄片洋蔥掉落。

小小酥脆一口塔，讓人上癮。

分量	準備時間	烘烤時間	靜置時間
4 人分	15 分鐘	5 分鐘	1 小時

Été indien
印度之夏

黃瓜、薄荷與法式白乳酪，搭配孜然粉酥脆塔皮麵團。

酥脆塔皮麵團

220 公克全麥麵粉－ 100 公克奶油－ 1 個原味優格
1 湯匙（平匙）孜然籽－烘烤時所需的橄欖油－ 1 撮鹽

餡料

300 公克法式白乳酪－½ 條黃瓜－些許檸檬皮屑－數支薄荷葉
數支巴西里－普羅旺斯香草－適量咖哩粉－鹽之花

製作酥脆塔皮麵團（請見 P.15 技巧）：將奶油於小平底鍋裡加熱融化。麵粉倒入攪拌盆裡，把麵粉中央往四周撥開成一凹洞。在另一個大碗裡，混合融化的奶油、優格、鹽及孜然籽，之後一起倒入麵粉的凹洞中，以手揉捏 2 ～ 3 分鐘，直到麵團變紮實、光滑並且有筋性。塑形成球狀，以保鮮膜包覆並靜置於室溫下 1 小時。

製作餡料：將白乳酪、切碎的香草、檸檬皮、幾撮咖哩粉、一些普羅旺斯香草及鹽混合均勻。

先預熱烤箱中的烤架 180°C。在撒好麵粉的工作檯上，

將麵團擀成約 0.5 公分厚，切成隨意大小的圓片。

將圓片麵皮放在鋪有烘焙紙的烤架上，並淋上一些橄欖油。放入烤箱烘烤 5 分鐘，直到麵皮呈現金黃色。再從烤箱中取出放涼。

酥脆的小鹹派做為開胃小點⋯⋯美好的開始！

同時，將黃瓜切成小圓薄片。

可以不用加上小黃瓜與白乳酪直接品嚐。或是抹上白乳酪，並放上幾片小黃瓜薄片，再將剩下的新鮮香草、檸檬皮屑、鹽與咖哩粉撒在上面。

分量	準備時間	烘烤時間	靜置時間
4 到 6 人	30 分鐘	30 分鐘	1 小時

La rustique
鄉村鹹派

法國的博福特乾酪與櫛瓜，搭配加了棕色蕎麥麵粉的酥脆塔皮麵團。

棕色酥脆派皮麵團
75 公克蕎麥麵粉－ 75 公克半全麥麵粉－ 70 公克切小塊半鹽軟奶油
1 顆蛋－少許鹽

餡料
350 公克博福特乾酪（beaufort）－ 3 條櫛瓜－ 1 瓣大蒜－ 2 湯匙橄欖油
2 湯匙第戎芥末醬－ 1 小撮埃斯佩萊特辣椒（piment d'Espelette）
少許百里香－適量鹽與胡椒

製作酥脆派皮麵團（請見 P.15 技巧）：將軟奶油與麵粉放入攪拌盆裡拌勻，加入蛋與鹽。直到麵團混合均勻，塑形成球狀，以保鮮膜包覆，靜置冰箱冷藏約 1 小時。

製作餡料：櫛瓜洗淨，切成圓片狀。以平底鍋加熱，加上壓碎的蒜瓣、橄欖油、適量鹽與胡椒。

先將烤箱預熱至 180℃。在撒好麵粉的工作檯上，將麵團擀成約 0.5 公分厚的薄片。

古法餅皮，不需模型就能製作。

將麵皮放在鋪好烘焙紙的烤盤上，以叉子在麵團上戳些洞，在長方形麵皮的中央抹上芥末醬，邊緣留下約 2 公分的距離。

將博福特乾酪切成薄片放在芥末醬上。最後把加熱上色的櫛瓜片擺在最上面，撒上少許百里香。將麵皮邊緣 2 公分反折回來至有餡料的部分，接著放入烤箱中烘烤約 30 分鐘。

品嚐之前撒上埃斯佩萊特辣椒。

分量	準備時間	烘烤時間	靜置時間
6 人分	30 分鐘	50 分鐘	1 小時

La niçoise
尼斯鹹派

紅洋蔥與鯷魚，搭配肉桂口味麵包麵團。

麵包麵團

200 公克杜蘭小麥麵粉（Durum wheat）－ 20 公克蕎麥麵粉－½ 小包酵母粉（1 包約為 5 ～ 8 克）
1 顆蛋－ 2 湯匙橄欖油－ 1 茶匙肉桂粉－ 1 撮鹽

餡料

500 公克紅洋蔥－適量迷迭香－鯷魚（依照個人喜好）－黑橄欖（依個人喜好）
適量橄欖油－少許黃砂糖－ 3 或 4 撮鹽之花

製作麵包麵團：以 4 匙溫水調和酵母粉。將麵粉、肉桂粉、橄欖油、鹽、蛋與調和好的酵母用手或攪拌器攪拌。攪拌均勻後，塑形成球狀麵團，以乾淨的布包覆，靜置於室溫下 1 小時。

將烤箱預熱至 210°C。

製作餡料：紅洋蔥剝皮，切成圓片狀。將紅洋蔥放置於鋪好烘焙紙的烤盤上，淋上些許橄欖油。

撒上黃砂糖、鹽之花、迷迭香，接著放入烤箱烘烤約 30 分鐘，直到洋蔥烤熟後從烤箱取出。

鹹甜尼斯洋蔥塔，香脆又可口！

在撒好麵粉的工作檯上，將麵團擀成約 0.5 公分厚的薄片。把麵皮放在鋪好烘焙紙的烤盤上，以叉子在麵皮底部等距戳一些洞。撒上烤好的洋蔥，再放入烤箱烘烤 20 分鐘，直到麵團呈現金黃色。

從烤箱中將鹹派取出，待放涼後，依個人喜好撒上黑橄欖或鯷魚。

分量	準備時間	烘烤時間	靜置時間
6 至 8 人分	20 分鐘	50 分鐘	1 小時

All green
綠意盎然

綠色小蔬菜，搭配橄欖油麵團。

麵團
250 公克半全麥麵粉－ 60 毫升橄欖油－ 1 茶匙普羅旺斯香草
1 茶匙精鹽

餡料
300 公克春季綠色蔬菜：蘆筍－豌豆－菠菜－帶葉洋蔥（Scallion）－ 1 個酪梨－少許豆芽
100 公克瑞可塔乳酪－ 100 公克新鮮羊奶乳酪－ 100 公克莫札瑞拉起司－ 1 顆檸檬汁－ 5 片薄荷葉
適量橄欖油－適量鹽之花

製作麵團：拌勻麵粉、鹽與普羅旺斯香草。加入橄欖油及 120 毫升冷水，直到麵團充分混合，塑形成球狀，以保鮮膜包覆，靜置於冰箱冷藏 1 小時。

同時將蘆筍削皮、剝開豌豆莢。將它們蒸煮 10 分鐘。

烤箱預熱至 180°C。在撒好麵粉的工作檯上，將麵團擀成約 0.5 公分厚的薄片。放入模型裡，或者使用中空的方形模型，預先在模型抹上奶油及撒上麵粉（請見 p.18 技巧）。鋪好後，以叉子在麵皮底部戳洞。將烘焙紙切割與模型同大小，覆蓋在麵皮上做為保護。再放上乾燥豆子或使用烘焙石避免烘烤時麵皮膨脹。

在烤箱中烘烤 30 分鐘，直到麵團烤熟，取出放涼。

製作餡料：在大碗裡，將瑞可塔乳酪、新鮮羊奶乳酪、檸檬汁、1 湯匙橄欖油及切碎薄荷葉攪拌均勻。將莫札瑞拉起司切成小塊，加入大碗裡的餡料。並將酪梨切成小塊、帶葉洋蔥切成薄片備用。

將準備好的起司餡料抹在塔皮上方，依照個人喜好放上煮熟的綠色蔬菜、生菜、帶葉洋蔥、酪梨、豆芽等。

在品嚐前，淋上一些橄欖油、撒上些許鹽之花。

春天來臨：
把握綠色蔬菜
新鮮滋味！

分量	準備時間	烘烤時間	靜置時間
6 人分	30 分鐘	50 分鐘	1 小時

¡Ay caramba !
驚奇鹹派

雞肉、黃椒、芫荽與綠檸檬，搭配加了玉米粉與切達起司的酥脆塔皮麵團。

酥脆塔皮麵團
140 公克麵粉－60 公克玉米粉－40 公克義式玉米粥（polenta）－100 公克切成小塊的軟奶油
1 顆蛋黃－少許切達起司碎片－1 撮鹽

餡料
2 片雞胸肉－1 顆黃椒－½ 顆酪梨－幾顆櫻桃小蘿蔔－½ 顆紅洋蔥
2 瓣蒜瓣－½ 把芫荽－2 顆綠檸檬汁與皮屑
200 毫升全脂牛奶－200 毫升的濃縮鮮奶油－2 顆蛋＋2 顆蛋黃－少許切達起司絲
300 毫升橄欖油－2 或 3 撮埃斯佩萊特辣椒粉（piment d'Espelette）－適量鹽、胡椒

製作酥脆塔皮麵團（請見 P.15 技巧）：在攪拌盆裡將軟奶油打至膏狀或使用攪拌機。之後加入麵粉、玉米粉、玉米粥、蛋黃、100 公克的水、切達起司與鹽攪拌混合。直到麵團充分混和後，塑形成球狀，以保鮮膜包覆，靜置於冰箱冷藏 1 小時。

準備醃製雞肉醬汁：混合橄欖油、壓碎的蒜瓣、1 顆綠檸檬汁與檸檬皮屑、埃斯佩萊特辣椒粉、切碎的芫荽（預留幾片葉子做為裝飾）、鹽及胡椒。

在這道鹹派中，包含墨西哥所有風味！

將雞胸肉切成小薄片，放進盤子裡淋上醃製醬汁。利用麵團在冰箱冷藏的同時製作，就不用擔心沒時間醃雞肉了。

洗淨黃椒，去籽並切成薄片，在平底鍋裡加入 1 或 2 湯匙醬汁，將黃椒煎熟上色並與醬汁充分混合。繼續煎至軟化為止。

將烤箱預熱至 180℃，在撒好麵粉的工作檯上，將麵團擀成約 0.5 公分厚。把麵皮放入事先抹上奶油及撒上麵粉的模型，或慕斯圈模型（請見 P.18 技巧）。以叉子在麵皮底部戳洞。將烘焙紙切割與模型同大小，覆蓋在麵皮上做為保護。再放上乾燥豆子或烘焙石避免麵皮膨脹。以烤箱烘烤 10 分鐘。

準備奶油醬料：在攪拌盆中混合牛奶、鮮奶油、2 顆蛋與 2 顆蛋黃、切達起司絲及 1 撮鹽。

麵皮烤熟後，從烤箱中取出。將醃過醬汁的雞胸肉片與黃椒片擺在上面，鋪上奶油醬料，接著再烘烤 30 分鐘，一直保持著同樣的溫度。從烤箱中取出並放涼。

將酪梨、櫻桃小蘿蔔、紅洋蔥切成薄片狀。將它們撒在已經放涼的鹹派上面，最後淋上剩下的檸檬汁、撒上幾片芫荽葉。

分量	準備時間	烘烤時間	靜置時間
6 至 8 人分	20 分鐘	35 分鐘	1 小時

Petits classiques revisités
經典再現小鹹派

韭蔥、康堤乳酪、榛果奶酥與帕馬森乾酪，搭配加了半鹽奶油的酥脆塔皮麵團。

酥脆塔皮麵團
250 公克麵粉－ 110 公克切成小塊半鹽軟奶油－ 1 顆蛋

餡料
6 根韭蔥－ 3 顆帶葉洋蔥－ 250 公克康堤乳酪（Comté）－ 150 公克鮮奶油
2 顆蛋－適量鹽及胡椒

榛果奶酥
50 公克麵粉－ 50 公克切成小塊的軟奶油－ 25 公克帕馬森乾酪碎末－ 40 公克榛果碎屑

製作酥脆塔皮麵團（請見 P.15 技巧）： 在攪拌盆裡以打蛋器將軟奶油打至膏狀或使用攪拌機。加入麵粉、蛋與 1 湯匙水。攪拌直到麵團混合均勻，塑形成球狀，以保鮮膜包覆，靜置冰箱冷藏約 1 小時。

準備製作榛果奶酥： 將帕馬森乾酪、大塊榛果碎屑及麵粉拌勻。加入奶油塊用手指混合，直到呈現接近沙子狀的質地為止。存放置陰涼處。

將烤箱預熱至 180℃。在撒好麵粉的工作檯上，將麵團擀成約 0.5 公分厚的薄片。把麵皮放入 6 到 8 個事先抹上奶油及撒上麵粉的小方形模型裡（請見 P.18 技巧）。以叉子先在麵皮底部戳洞，將烘焙紙切割與模型同大小，覆蓋在麵皮上做為保護。再放上乾燥豆子或使用烘焙石避免麵皮膨脹。放入烤箱烘烤 10 分鐘。

當麵皮烤熟後，從烤箱中取出並放涼。

在鹹派上的奶酥，一個美麗的點子。

製作餡料： 切下韭蔥綠色部分，除去帶葉洋蔥的莖直切成兩半，蒸 5 分鐘。

康堤乳酪切片。將鮮奶油以小火煮滾後從爐火上移開，加入蛋與康堤乳酪，並且仔細攪拌，加鹽及胡椒。

將蔬菜擺在烤好的派皮上，倒入鮮奶油蛋奶醬、撒上奶酥，放入烤箱烘烤 20 分鐘。

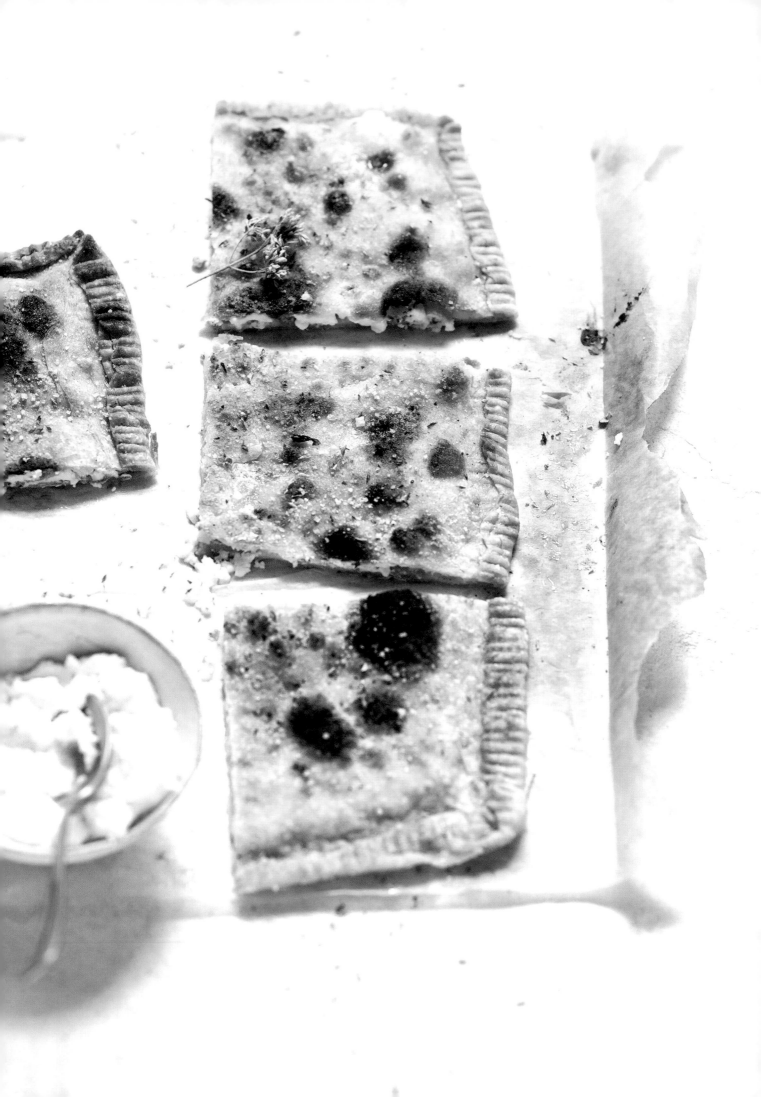

分量	準備時間	烘烤時間	靜置時間
6 人分	20 分鐘	10 分鐘	1 小時

All' Italia
義式餡餅

三種義大利乳酪與奧勒岡香草，搭配橄欖油麵團。

麵團
250 公克麵粉－1 茶匙鹽之花－適量橄欖油

餡料
100 公克莫札瑞拉起司－100 公克瑞可塔乳酪－100 公克新鮮羊奶乳酪
少許橄欖油－適量奧勒岡－適量鹽之花、胡椒

製作麵團：將鹽加入 125 公克的水裡，接著與麵粉一起攪拌混合。加入 25 公克橄欖油，快速揉捏直到麵團變得光滑且柔軟。塑形成 2 條長形麵團，長度約為 30 公分。以食物調理紙包起來，於室溫下靜置 1 小時。

製作餡料：將莫札瑞拉起司切丁，加入瑞可塔乳酪及新鮮羊奶乳酪、橄欖油、些許鹽之花及胡椒一起攪拌均勻。

將烤箱預熱至 220°C。在撒好麵粉的工作檯上，將其中一條長形麵團擀成長 40 公分寬 30 公分的長方形。麵皮應呈又薄又軟。

帶有淡淡羊奶乳酪香味的酥脆餡餅。

把麵皮放入塗了橄欖油的烤盤上，在麵皮上抹上乳酪餡料，四邊預留 2 公分的邊緣。

將另一條麵團擀成同樣大小的長方形，覆蓋在塗有起司餡料的麵皮上。將麵皮邊緣往內折，確實壓緊。以刷子在餡餅表面塗滿橄欖油，撒上奧勒岡香料、鹽，並用叉子在麵團上以同等間距戳洞，避免膨脹。

將烤盤放入烤箱裡烘烤約 10 分鐘。麵皮應呈金黃色並且變得酥脆。請趁熱或還有熱度時享用。

分量	準備時間	烘烤時間	靜置時間
4 至 6 人分	30 分鐘	40 至 45 分鐘	1 小時

Entre le fromage et le dessert
乳酪與甜點之間的漫遊者

無花果、新鮮羊奶乳酪及帕瑪火腿。搭配加了松子及罌粟籽的油酥塔皮麵團。

油酥塔皮麵團

200 公克全麥麵粉－ 90 公克切成小塊冰奶油－ 1 顆蛋
30 公克的松子碎粒－ 2 茶匙（平匙）罌粟籽
1 撮鹽

餡料

10 幾片義大利生火腿－ 200 公克新鮮羊奶乳酪
3 湯匙法式白乳酪－ 10 顆無花果－數根迷迭香
2 湯匙橄欖油－適量蜂蜜－適量鹽之花

製作油酥塔皮麵團（請見 P.16 技巧）：在攪拌盆裡，以手指將小塊冰奶油及麵粉攪拌融合。接著再加入蛋、2 湯匙水、松子碎粒、罌粟籽及鹽。直到麵團充分融合，塑形成球狀，以保鮮膜包覆，靜置冰箱冷藏約 1 小時。

將烤箱預熱至 180°C。

製作餡料：將無花果從尖端以十字切開至底部（但不要切斷），接著將它們直立擺入烤盤。在無花果切開的中心處，放上數小塊新鮮羊奶乳酪，淋上些許蜂蜜並撒一點迷迭香來提味。放入烤箱烘烤約 10 分鐘。

在撒好麵粉的工作檯上，將麵團擀成約 0.5 公分厚的薄片。將麵皮放入事先抹上奶油及撒上麵粉的派盤裡（請見 P.18 技巧）。以叉子先在麵皮底部戳洞，將烘焙紙切割與模型同大小，覆蓋在麵皮上做為保護。再放上乾燥豆子或使用烘焙石避免麵皮膨脹。放入烤箱烘烤 30 至 35 分鐘直到麵皮呈金黃色。

既美麗又帶有酸味的乳酪鹹派。

麵皮烤熟後，從烤箱中取出並放涼。

在一個碗裡，將新鮮乳酪、橄欖油與鹽攪拌均勻。直到麵皮底部冷卻後，將新鮮乳酪餡料抹在上面，再放上無花果及幾片薄薄的義大利生火腿，撒上些許鹽之花。最後在品嚐前淋上一些蜂蜜。

分量	準備時間	烘烤時間	靜置時間
10 個小塔派	30 分鐘	25 分鐘	2 小時

Comme neige au soleil
冬陽映雪塔

覆盆子與白巧克力，搭配布列塔尼式的油酥塔皮麵團。

麵團

200 公克麵粉－ 150 公克切成小塊冰奶油－ 3 顆蛋黃
140 公克細白砂糖－ 20 公克泡打粉－ 70 公克烘焙用杏仁粉
½ 茶匙細鹽

餡料

10 顆覆盆子－ 200 公克液態鮮奶油－ 1 根香草莢
100 公克白巧克力－ 1 片吉利丁－適量椰子片

準備餡料：先將吉利丁片放入 15 公克的水裡浸泡。將液態鮮奶油以小鍋煮開後離火。剖開香草莢刮出香草籽，一起加入煮沸的液態鮮奶油裡面浸泡，接著將吉利丁瀝乾後加入鮮奶油裡溶化。

將巧克力剝成小塊，放入耐熱容器裡。過濾鮮奶油，分三次倒入巧克力裡一邊不停攪拌。直到充分融合呈現光滑狀，將保鮮膜覆蓋在上面，並靜置於冰箱冷藏約 2 小時。

製作布列塔尼式油酥塔皮：將蛋黃及糖放入攪拌盆裡拌勻。加入奶油，繼續攪拌直到均勻混合。加入麵粉、泡打粉、鹽及杏仁粉。直到麵團混合均勻，塑形成球狀，以保鮮膜包覆，靜置冰箱冷藏約 1 小時。

將烤箱預熱至 180°C。在撒好麵粉的工作檯上，將麵團擀成約 0.5 公分厚的薄片，形狀為圓形或是方形都可。將麵皮放入鋪好烘焙紙的烤盤中，上面覆蓋第二層烘焙紙，再取另一個烤盤，或是一個空的大型蛋糕模型放在麵皮上，以免麵皮過度膨脹。放入烤箱烘烤 25 分鐘。

直到麵皮烤熟後，從烤箱中取出放涼。利用圓形模型將麵皮分割成十來個小圓塔派皮。

從冰箱中取出鮮奶油，再以攪拌器攪拌。使用擠花袋與擠花嘴，將鮮奶油擠滿小塔派表面。最後把覆盆子及椰子片裝飾其上。

> **奶油、鮮奶油與覆盆子……融化在口中的滋味沒有比這個更美妙的了！**

分量	準備時間	浸泡時間	烘烤時間	靜置時間
10 個小塔派	30 分鐘	30 分鐘	30 分鐘	1 小時

La key lime pie thaïe
泰式檸檬塔

檸檬、羅勒葉與椰子，搭配椰子的酥脆塔皮麵團。

酥脆塔皮麵團
200 公克麵粉－ 100 公克椰子片－ 125 公克切成小塊的軟奶油
80 公克糖粉－ 1 顆蛋黃－ 1 撮鹽

餡料
1 支香茅－ 4 顆綠檸檬－ 1 罐煉乳－ 4 顆蛋黃
適量椰子片－適量泰國羅勒葉

製作酥脆塔皮麵團（請見 P.15 技巧）：在攪拌盆裡以打蛋器將軟奶油打至膏狀或使用攪拌機。加入麵粉、糖粉、椰子片、蛋黃、1 湯匙水與鹽。攪拌直到麵團混合均勻，塑形成球狀，以保鮮膜包覆，靜置冰箱冷藏約 1 小時。

烤箱預熱至 180°C。在撒好麵粉的工作檯上，將麵團擀成約 0.5 公分厚的薄片。將麵皮切成比塔模還要大的圓形。並放入事先抹上奶油及撒上麵粉的模型裡（請見 P.18 技巧）。以叉子先在麵皮底部戳洞，將烘焙紙切割與模型同大小，覆蓋在麵皮上做為保護。再放上乾燥豆子或使用烘焙石避免麵皮膨脹。放入烤箱烘烤 20 分鐘，再取出。

製作餡料：將香茅壓碎。取小鍋加入煉乳及香茅，以小火慢慢加熱。在煮沸前關火並浸泡 30 分鐘。取出香茅，加入蛋黃開始攪拌，接著加入綠檸檬汁與皮屑不停攪拌。

將準備好的餡料倒入已經烤熟的塔皮裡，接著放入烤箱內烤 6 到 7 分鐘直到上頭的奶油餡料凝固為止。從烤箱中取出並放置於烤網上冷卻。

品嚐前，在泰式檸檬塔上撒上椰子片與切碎的泰國羅勒葉。

綠檸檬與香茅，就如同泰國的香味……

分量	準備時間	烘烤時間	靜置時間
6 至 8 人分	45 分鐘	1 小時	1 小時

De la poésie au carré
詩意方塊塔

大黃及英式奶油醬。加入榛果的酥脆塔皮麵團。

酥脆塔皮麵團

220 公克麵粉－ 130 公克切成小塊原味軟奶油－ 1 顆蛋
85 公克糖粉－ 30 公克榛果粉－ 1 撮鹽

英式奶油醬

500 公克牛奶－ 4 顆蛋黃－ 100 公克細白砂糖－ 1 根香草莢

餡料

4 根大黃（Rhubarb）－ 90 公克砂糖－ 2 根香草莢

製作酥脆塔皮麵團（請見 P.15 技巧）：在攪拌盆裡將奶油打至膏狀或使用攪拌機。加入麵粉、蛋、糖粉、榛果粉與鹽。攪拌融合直到麵團混合均勻，塑形成 2 個球型麵團，以保鮮膜包覆，靜置冰箱冷藏約 1 小時。

製作英式奶油醬：在碗裡，將蛋黃與細白砂糖一起打至顏色接近白色。在小鍋裡加熱牛奶，剖開香草莢刮出香草籽，一起加入正在加熱的牛奶裡，然後繼續煮至沸騰為止。將蛋黃及細白砂糖混合物倒入煮沸的牛奶裡攪拌，以小火繼續煮，直到變得濃稠並且能附著在湯匙上為止。取出香草莢，接著將奶油醬倒入碗裡放涼，再放入冰箱冷藏。

製作餡料：將大黃切成 10 公分長的小段。在平底鍋裡，先將 90 公克的水與糖加熱，接著剖開香草莢及香草

籽一起加入鍋裡。再加入切好的大黃，蓋上蓋子持續煮 20 分鐘。離火放涼後，移至沙拉碗放入冰箱冷藏。

將烤箱預熱至 180°C。在撒好麵粉的工作檯上，將麵團擀成約 0.5 公分厚的方形薄片。將麵皮放在鋪好烘焙紙的烤盤上，用叉子在麵團底部以同等間距戳洞，接著覆蓋上第二層烘焙紙。上面放上另一個烤盤或較大型的蛋糕模型，避免派皮過度膨脹。放入烤箱烘烤 30 分鐘。烤好後從烤箱中取出放涼。

將烤好的麵皮切成長寬相等的 10 公分正方形，將大黃段整齊地擺放在塔皮上，接著在方塊塔表面，淋上幾小匙大黃餡料所剩餘的糖漿。可以搭配冰涼的英式奶油醬一起享用。

它的華麗外表讓人無法抗拒。

分量	準備時間	烘烤時間	靜置時間
6 至 8 個小塔派	30 分鐘	1 小時	麵團 1 小時 起司蛋糕 30 分鐘

La fraise sur un nuage
雲朵上的草莓

草莓及起司蛋糕的奶油，搭配加了杏仁粉的酥脆塔皮麵團。

酥脆塔皮麵團

280 公克麵粉－ 200 公克切成小塊的軟奶油－ 100 公克糖粉
100 公克烘焙用杏仁粉－ 1 顆蛋黃

餡料

150 公克奶油乳酪－ 100 公克鮮奶油－ 1 顆蛋－ 50 公克糖
幾滴香草精－ 100 公克冰的液態鮮奶油
30 公克糖粉

最後裝飾
一大盒草莓

製作酥脆塔皮麵團（請見 P.15 技巧）：在攪拌盆裡以打蛋器將軟奶油打至膏狀或使用攪拌機。加入麵粉、杏仁粉、糖粉與蛋黃。攪拌直到麵團混合均勻，塑形成球狀，以保鮮膜包覆，靜置冰箱冷藏約 1 小時。

製作起司蛋糕：將烤箱預熱至 140℃。使用電動攪拌器，以中速攪拌將奶油乳酪、糖及香草精攪拌均勻。加入蛋、鮮奶油繼續攪拌直到呈現光滑貌。將攪拌好的餡料倒入蛋糕模型裡，並且放入烤箱中烘烤 30 分鐘。烤熟後放涼，再移至冰箱冷藏約 30 分鐘。

將烤箱溫度調至 180℃。在撒好麵粉的工作檯上，把麵團擀成約 0.5 公分厚的薄片。將三角模型事先抹上奶油及撒上麵粉（或使用其他形狀、略有深度的模型皆可）。將麵皮切割成比模型大一點的三角形。把麵皮放入模型裡（請見 P.18 技巧），以叉子在麵皮底部戳洞，將烘焙紙切割與模型同大小，覆蓋在麵皮上做為保護。再放上乾燥的豆子或是烘焙石避免麵皮膨脹。放入烤箱烘烤 30 分鐘。

以電動攪拌器將冰的液態鮮奶油加入糖粉打發。將起司蛋糕從冰箱裡拿出來，加入打發鮮奶油接著攪拌均勻。以擠花袋或湯匙將攪拌好的起司蛋糕鮮奶油放入塔派裡面。

品嚐之前再將切好的草莓裝飾在上方。

> 草莓鋪在甜美奶油上的三角塔派……讓人難以抗拒！

分量	準備時間	烘烤時間	靜置時間
6 至 8 人分	20 分鐘	40 分鐘	1 小時

Aux fruits d'été
夏季水果派

有果核的黃色水果，搭配加了黃砂糖及核桃的酥脆塔皮麵團。

酥脆塔皮麵團
440 公克麵粉－ 140 公克切成小塊的鹽味軟奶油－ 170 公克黃砂糖＋些許裝飾用
2 顆蛋＋ 1 顆塗抹用的蛋－ 60 公克佩里格核桃（Noix du Périgord）－ 2 小撮鹽

餡料
400 公克夏季黃色水果（杏桃、桃子、油桃……）

製作酥脆塔皮麵團（請見 P.15 技巧）：在攪拌盆裡以打蛋器將軟奶油打至膏狀或使用攪拌機。加入麵粉、糖、切碎的核桃、2 顆蛋、鹽及 4 湯匙水。攪拌直到麵團混合均勻，塑形成 2 個球狀麵團，以保鮮膜包覆，靜置冰箱冷藏約 1 小時。

30 分鐘後，先將第一個球形麵團從冰箱取出。在撒好麵粉的工作檯上，將麵團擀成約 0.5 公分厚的薄片。把麵皮放在烘焙紙上，以刀子將麵皮切割成 1 到 2 公分寬的長條狀。如果溫度比較高，條狀麵皮變得太軟，就將長條麵皮及烘焙紙一起放入冷凍庫裡冷凍約 10 分鐘。

製作網狀麵皮（請見 P.21），輕輕地將長條麵皮交叉擺放，上下交織成網狀。如果條狀麵皮太軟，請將它

含有水果餡料又多汁的派，擁有雙層餅皮的酥脆感。

先冰至冷凍庫裡幾分鐘，恢復較堅硬的狀態。

將烤箱預熱至 180℃。將第二個球形麵團擀成約 0.5 公分厚的薄片。取足夠深度的模型事先抹上奶油及撒上麵粉，將麵皮放入其中（請見 P.18 技巧）。以叉子在麵皮底部戳洞。

將所有水果切成小塊，擺滿派皮表面。接著放上編好的網狀麵皮，切除超出範圍的麵皮。將網狀麵皮與底部的麵皮緊密接合。

最後打散一顆蛋，將蛋液刷在派皮上，表面撒上黃砂糖。放入烤箱烘烤約 30 至 40 分鐘，直到派皮呈現金黃色。

分量	準備時間	烘烤時間	靜置時間
8 至 10 個小塔派	15 分鐘	30 分鐘	1 小時

Cœurs de myrtilles
藍莓之心

藍莓、黃砂糖及香草，搭配山核桃酥脆塔皮麵團。

酥脆塔皮麵團

220 公克斯佩爾特小麥麵粉（Spelt flour）－ 70 公克全麥麵粉－ 120 公克切成小塊的軟奶油
60 公克紅糖－ 30 公克山核桃粉－ 1 顆蛋－ 1 撮鹽

餡料

300 公克藍莓－ 5 茶匙黃砂糖＋些許用來撒在表面
1 根香草莢－½ 顆檸檬汁－ 1 顆蛋黃液

製作酥脆塔皮麵團（請見 P.15 技巧）：在攪拌盆裡以打蛋器將軟奶油打至膏狀或使用攪拌機。加入麵粉、紅糖、山核桃粉、蛋、鹽與 2 湯匙水。攪拌直到麵團混合均勻，塑形成球狀，以保鮮膜包覆，靜置冰箱冷藏約 1 小時。

將烤箱預熱至 180℃。在撒好麵粉的工作檯上，將麵團擀成約 0.5 公分厚的薄片，以模型切成 8 至 10 個小圓形，可以把剩餘的麵皮揉成球狀，再次擀開切成小的圓形塔皮。

製作餡料：剖開香草莢，以刀子刮出香草籽。在大碗裡，將糖、香草籽、藍莓與檸檬汁混和均勻。

將每個塔皮上都抹上 2 到 3 匙的藍莓內餡。將塔皮邊緣往內折成 5 個角邊，接著用刷子沾取打散的蛋黃液使塔皮黏合固定。放在烘焙紙上，撒上黃砂糖並放入烤箱中烘烤約 30 分鐘。

趁還有熱度時品嚐藍莓之心塔，建議可以搭配香草冰淇淋一起享用。

無特別修飾的小塔派既可愛、營養豐富又讓人上癮……而且還很酥脆！

分量	準備時間	烘烤時間	靜置時間
8 人分	30 分鐘	40 至 50 分鐘	1 小時

À fleur de flan
櫻桃花樣布丁塔

像水果蛋糕般的櫻桃餡料，搭配加了杏仁粉的油酥塔皮麵團。

油酥塔皮麵團
220 公克麵粉－ 120 公克切成小塊的鹽味冰奶油
60 公克糖－ 30 公克烘焙用杏仁粉－ 1 顆蛋 ＋ 1 顆塗抹用的蛋

餡料
400 公克黑櫻桃－ 125 公克液態鮮奶油－ 3 顆蛋－ 50 公克白砂糖
1 包香草糖（7.5 公克）－ 1 湯匙麵粉－ 2 湯匙櫻桃酒
適量糖粉－ 1 撮鹽

製作油酥塔皮麵團（請見 P.16 技巧）：在攪拌盆裡，以手指將小塊冰奶油及麵粉攪拌融合成沙子狀。加入糖、杏仁粉及蛋。攪拌至麵團充分融合，塑形成球狀，以保鮮膜包覆，靜置冰箱冷藏約 1 小時。

從冰箱取出麵團前 10 分鐘，先將 150 公克的櫻桃洗淨；將櫻桃與 25 公克的糖及櫻桃酒在碗裡混和均勻，浸泡入味。

烤箱預熱至 180℃。在撒好麵粉的工作檯上，將麵團擀成約 0.5 公分厚的薄片。把麵皮放入事先抹上奶油及撒上麵粉的塔派模型裡（請見 P.18 技巧）。利用剩餘的麵皮，以裝飾模型切割成不同形狀的小麵皮（花朵、星星形狀……等），接著黏在派皮邊緣，以刷子沾取蛋液刷在塔皮表面。以叉子先在麵皮底部戳洞，將烘焙紙切割與模型同大小，覆蓋在麵皮上做為

酥脆的麵皮、布丁的柔軟口感及櫻桃的新鮮滋味。

保護。再放上乾燥的豆子或是烘焙石避免麵皮膨脹。放入烤箱烘烤 20 分鐘。

製作餡料：在攪拌盆中打入蛋，加入剩下的細白砂糖、香草糖、液態鮮奶油、鹽及過篩後的麵粉一起打散，混合物的質地會像慕斯狀一樣。

先將之前烘烤好的塔皮從烤箱中取出放涼。接著將醃漬櫻桃放上去，倒入慕斯奶油。再放入烤箱中烘烤 20 至 30 分鐘。將櫻桃塔從烤箱取出時，奶油應該呈現微微顫動狀態，若沒有，則須再多烤幾分鐘。

將櫻桃塔放涼後撒上糖粉，再擺上未烘烤的櫻桃，去籽切半或整顆做為裝飾。

分量	準備時間	烘烤時間	靜置時間
8 人分	30 分鐘	30 分鐘	1 小時

La très très gourmande
香蕉巧克力貪吃塔

香蕉、爆米花與巧克力，搭配巧克力油酥塔皮麵團。

油酥塔皮麵團
150 公克麵粉－ 100 公克切成小塊的冷奶油－ 100 公克糖粉
1 湯匙可可粉－ 1 顆蛋黃－ 1 撮鹽

巧克力奶油
200 公克黑巧克力－ 200 毫升液態鮮奶油－ 5 湯匙牛奶－ 1 顆蛋

餡料
3 根香蕉－ 50 公克糖－ 25 公克鹽味奶油－ 1 茶匙黑蘭姆酒

焦糖口味爆米花
2 茶匙玉米粒（爆米花專用）－ 1 茶匙油－ 2 湯匙細白砂糖
15 公克奶油

製作油酥塔皮麵團（請見 P.16 技巧）：在攪拌盆裡，以手指將小塊冰奶油及麵粉攪拌，直到呈沙子狀。加入過篩後的可可粉、糖粉、鹽及蛋黃，攪拌至麵團充分融合，塑形成球狀，以保鮮膜包覆，靜置冰箱冷藏約 1 小時。

將烤箱預熱至 170°C。在撒好麵粉的工作檯上，把麵團擀成約 0.5 公分厚的薄片。將麵皮放入事先抹上奶油及撒上麵粉的模型，或是慕斯圈形模型（請見 P.18 技巧）。以叉子先在麵皮底部戳洞，之後將烘焙紙切割與模型同大小，覆蓋在麵皮上做為保護。再放上乾燥豆子或使用烘焙石避免麵皮膨脹。放入烤箱烘烤 15 分鐘。

製作巧克力奶油：將巧克力剝成小塊，放入耐熱容器裡。另將牛奶與蛋在攪拌盆中一起打散。把液態鮮奶油倒入小鍋內慢慢加熱至煮沸。將煮好的鮮奶油分三次倒入裝有巧克力塊的容器裡並輕輕攪拌。稍微冷卻之後，再加入混合好的牛奶與蛋。

一個滿滿都是巧克力的塔，實在是太超過了。

當麵皮烤熟，從烤箱中取出並把烤箱溫度降至 160°C。

將巧克力奶油倒入塔皮底部，放回烤箱烘烤 15 分鐘。烤好後取出放涼至室溫。

製作餡料：將香蕉剝皮並依長邊切成兩半。在平底鍋裡，放入糖及一茶匙的水，先不要攪拌，加熱直到呈現金黃色為止，之後加入鹽味奶油後再攪拌。將香蕉放入平底鍋中，淋上黑蘭姆酒煎成金黃色。煎好後先擺在烘焙紙上。

製作爆米花：將油倒入小平底鍋內以大火加熱。接著加入玉米粒轉為中火。蓋上蓋子等待玉米粒成爆米花。當所有玉米粒都成爆米花之後，把火關掉，加入糖及奶油不停攪拌，讓所有爆米花都能包裹上佐料並呈現焦糖色。之後放置於烘焙紙上。

將香蕉擺放在巧克力塔上，並放上焦糖爆米花做為裝飾。

分量	準備時間	烘烤時間	靜置時間	冷藏時間
8 人分	30 分鐘	30 分鐘	1 小時	2 小時或整晚

Les huit amis
8 種水果好朋友塔

季節水果，搭配簡易版油酥塔皮麵團。

油酥塔皮麵團

220 公克麵粉－ 130 公克切成小塊鹽味冰奶油－ 85 公克糖粉
30 公克烘焙杏仁粉－ 1 顆蛋

糕點奶油

500 毫升牛奶－ 3 顆蛋黃－ 90 公克糖－ 30 公克麵粉－ 25 公克玉米粉
2 根香草莢－ 1 小塊奶油－ 1 撮鹽

餡料（依個人喜好）

香瓜＋新鮮薄荷葉 / 覆盆子＋開心果 / 藍莓＋龍蒿 / 櫻桃＋新鮮杏仁 / 杏桃＋百里香 / 黑莓＋羅勒葉
/ 葡萄柚＋檸檬皮屑 / 紅醋栗＋蜂蜜

製作油酥塔皮麵團（請見 P.16 技巧）：在攪拌盆裡，以手指將小塊冰奶油及麵粉攪拌融合，直到呈現沙子狀。加入糖粉、蛋與杏仁粉，攪拌至麵團充分融合，塑形成球狀，以保鮮膜包覆，靜置冰箱冷藏約 1 小時。

製作糕點奶油：將牛奶倒入小鍋中，剖開香草莢刮出香草籽，一起加入鍋裡。煮沸後關火浸泡。在大沙拉碗裡，將糖及蛋黃攪拌直到顏色接近白色。加入玉米粉、麵粉及鹽，與煮沸的牛奶一起攪拌混合。將混合奶醬移至平底鍋裡，一邊攪拌一邊加熱至煮沸。加入小塊奶油。直到奶醬能附著在湯匙上就煮好了。取出香草莢，離火並放涼。

所有的
自然美味⋯⋯
全都集合在
這個塔裡。

將烤箱預熱至 180°C。在撒好麵粉的工作檯上，把麵團擀成約 0.5 公分厚的薄片。將麵皮放入事先抹上奶油及撒上麵粉的慕斯圈形模型或是扣環可拆卸、深度足夠的模型裡（請見 P.18 技巧）。以叉子先在麵皮底部戳洞，之後將烘焙紙切割與模型同大小，覆蓋在麵皮上做為保護。再放上乾燥豆子或使用烘焙石避免麵皮膨脹。放入烤箱烘烤 20 至 30 分鐘，直到塔皮呈現金黃色，再取出放涼。

將奶醬抹在已經放涼的塔皮上，並放入冰箱中冷藏至少 2 個小時（最好冷藏整晚時間）。

最後要品嚐前，用你喜愛的新鮮水果、香草及核桃來裝飾。

分量	準備時間	烘烤時間	靜置時間
4 至 6 人分	20 分鐘	40 分鐘	1 小時

Abricots
杏桃塔

烤過的杏桃、開心果、白巧克力，搭配加了亞麻籽的油酥塔皮麵團。

油酥塔皮麵團
290 公克麵粉－ 175 公克切成小塊的冰奶油－ 65 公克糖粉
1 湯匙亞麻籽－ 1 顆蛋

餡料
200 毫升液態鮮奶油－ 4 顆蛋黃－ 120 公克細白砂糖－ 50 公克烘焙用杏仁粉
70 公克去殼開心果－ 20 幾個漂亮的杏桃
適量奶油及糖－適量裝飾用白巧克力

製作油酥塔皮麵團（請見 P.16 技巧）：在攪拌盆裡，以手指將小塊冰奶油及麵粉攪拌，直到呈現沙子狀。加入糖粉、蛋與亞麻籽，攪拌至麵團充分融合，塑形成球狀，以保鮮膜包覆，靜置冰箱冷藏約 1 小時。

將烤箱預熱至 180℃。在撒好麵粉的工作檯上，把麵團擀成約 0.5 公分厚的薄片。將麵皮放入事先抹上奶油及撒上麵粉的大模型裡（請見 P.18 技巧）。以叉子先在麵皮底部戳洞，將烘焙紙切割與模型同大小，覆蓋在麵皮上做為保護。再放上乾燥豆子或使用烘焙石避免麵皮膨脹。放入烤箱烘烤 10 分鐘。

> 最好的杏桃，
> 新鮮並且烤得
> 恰到好處。

製作餡料：先將 50 公克開心果打碎成粉。在沙拉碗裡，將細白砂糖及蛋黃打發，直到顏色接近白色為止。加入杏仁粉與開心果粉，接著加入液態鮮奶油攪拌均勻。將混合好的餡料倒入塔皮裡，並再度放入烤箱烘烤 30 至 40 分鐘。

將杏桃切成兩半，放入平底鍋裡加入些許奶油及糖加熱。當杏桃呈現金黃色時就關火。

把煎過的杏桃擺入冷卻後的塔上，撒上剩下的開心果及白巧克力屑做為裝飾。

Automne – Hiver

秋／冬食譜

分量	準備時間	烘烤時間	靜置時間
6 至 8 人分	15 分鐘	40 分鐘	1 小時

Au soleil couchant
落日鹹派

三種乳酪及瑞可塔乳酪，搭配加了些許細白砂糖的經典麵團。

酥脆塔皮麵團

200 公克麵粉－ 90 公克切成小塊的軟奶油－ 40 公克細白砂糖
1 顆蛋－ 1 撮鹽

餡料

200 公克火腿－ 200 公克瑞可塔乳酪－ 50 公克濃縮鮮奶油－ 75 公克愛曼塔乳酪（emmental）
75 公克康堤乳酪（comté）－ 75 公克博福特乾酪（beaufort）－ 3 顆蛋－ 1 撮鹽

製作酥脆塔皮麵團（請見 P.15 技巧）：在攪拌盆裡以打蛋器將軟奶油打至膏狀或使用攪拌機。加入麵粉、細白砂糖、蛋、10 毫升的水與鹽。攪拌直到麵團混合均勻，塑形成球狀，以保鮮膜包覆，靜置冰箱冷藏約 1 小時。

將烤箱預熱至 180°C，在撒了麵粉的工作檯上，把麵團擀成約 0.5 公分厚的薄片。將麵皮放入事先抹上奶油及撒上麵粉的模型，或是慕斯圈模型裡（請見 P.18 技巧）。以叉子先在麵皮底部戳洞，之後將烘焙紙切割與模型同大小，覆蓋在麵皮上做為保護。再放上乾燥豆子或使用烘焙石避免麵皮膨脹。放入烤箱烘烤 10 分鐘。

一道濃厚、酥脆又豐富的鹹派……它會膨脹起來！

製作餡料：在攪拌盆裡，以叉子將瑞可塔乳酪、濃縮鮮奶油與其他三種乳酪片一起攪拌混合後備用。

將蛋的蛋黃與蛋白分開，把蛋黃加入上述乳酪混合餡料裡攪拌均勻。

蛋白加入 1 撮鹽打發呈霜狀。以刮刀將蛋白霜加入乳酪餡料裡混和。

把烤好的派皮從烤箱中取出。將火腿切成骰子狀鋪滿派皮，倒入準備好的乳酪餡料。再放入烤箱中烘烤 30 至 40 分鐘，烘烤期間請細心看顧，直到鹹派膨脹並且呈現金黃色為止。

分量	準備時間	烘烤時間	靜置時間
4 至 6 人分	20 分鐘	50 分鐘	1 小時

L'autre pays de la tarte
異國風情鹹派

栗子南瓜、胡蘿蔔、米莫雷特乾酪、埃斯佩萊特辣椒。使用斯佩爾特小麥麵粉的酥脆塔皮麵團。

酥脆塔皮麵團

100 公克斯佩爾特小麥麵粉（Spelt flour）－ 125 公克切成小塊半鹽軟奶油－ 1 顆蛋

餡料

1 把彩色小胡蘿蔔－ 1 顆栗子南瓜－ 1 瓣大蒜－ 200 公克米莫雷特乾酪刨片（mimolette）
2 撮埃斯佩萊特辣椒（piment d'Espelette）－ 1 顆蛋－ 3 湯匙橄欖油
幾撮鹽之花

製作酥脆塔皮麵團（請見 P.15 技巧）：在攪拌盆裡以打蛋器將軟奶油打至膏狀或使用攪拌機。加入麵粉與蛋。攪拌直到麵團混合均勻，塑形成球狀，以保鮮膜包覆，靜置冰箱冷藏約 1 小時。

將烤箱預熱至 180°C，在撒了麵粉的工作檯上，將麵團擀成約 0.5 公分厚的薄片。將麵皮放入事先抹上奶油及撒上麵粉的模型，或是慕斯圈模型裡（請見 P.18 技巧）。以叉子先在麵皮底部戳洞，之後將烘焙紙切割與模型同大小，覆蓋在麵皮上做為保護。再放上乾燥豆子或使用烘焙石避免麵皮膨脹。放入烤箱烘烤 20 分鐘。

製作餡料：將栗子南瓜切片，不需削皮，去除種籽。

胡蘿蔔削皮，沿著長邊切片。大蒜去皮並除芽。將烤箱中的滴油盤鋪上烘焙紙再放上蔬菜及大蒜瓣，淋上橄欖油，仔細攪拌混和後撒鹽。將滴油盤上的蔬菜放置於烤網下，可以同時與派皮一起以中火烘烤 20 分鐘。

將胡蘿蔔移到盤子上。以叉子將烤過的栗子南瓜壓碎，加上埃斯佩萊特辣椒及蒜瓣。加入 150 公克米莫雷特乾酪片與打散的蛋液。將這些準備好的餡料鋪在鹹派上，再放入烤箱烘烤 10 分鐘。

將鹹派從烤箱中取出，鋪上胡蘿蔔，及剩下的米莫雷特乾酪片撒在上面。趁溫熱享用。

**秋日的甘美風情
全在其中……**

分量	準備時間	烘烤時間	靜置時間
6 至 8 人分	15 分鐘	40 分鐘	1 小時

Dans les sous-bois
森林系鹹派

栗子與蘑菇。搭配卡姆小麥麵粉製成的酥脆塔皮麵團。

酥脆塔皮麵團

125 公克卡姆小麥麵粉（farine de kamut）－ 125 公克蕎麥粉
125 公克切成小塊的原味軟奶油－ 1 顆蛋－ 1 撮鹽

餡料

200 公克野生蘑菇－ 300 公克蒸熟已剝殼的栗子（或是買現成罐裝產品）
5 瓣紅蔥頭－ 1 小杯白酒－ 25 公克原味奶油
1 顆蛋－ 2 湯匙橄欖油－鹽與胡椒

製作酥脆塔皮麵團（請見 P.15 技巧）：在攪拌盆裡以打蛋器將軟奶油打至膏狀或使用攪拌機。加入麵粉、蛋、一點水與鹽。攪拌直到麵團混合均勻，塑形成兩個球狀麵團，以保鮮膜包覆，靜置冰箱冷藏約 1 小時。

製作餡料：紅蔥頭剝皮並切碎，放入平底鍋以橄欖油及奶油拌炒，接著加入洗淨並切成小塊的蘑菇及栗子。以中火拌炒約 5 分鐘。加入白酒、鹽、胡椒接著繼續加蓋煮 10 分鐘。打開蓋子，攪拌收汁。直到沒有水分後，關火靜置。

將烤箱預熱至 180°C，在撒了麵粉的工作檯上，將一個麵團擀成約 0.5 公分厚的薄片。把麵皮放入事先抹上奶油及撒上麵粉的模型，或是慕斯圈模型裡（請見 P.18 技巧）。以叉子在麵皮底部戳洞，接著在派皮上鋪滿炒好的蘑菇及栗子。

同樣將第二個麵團擀成約 0.5 公分厚的薄片，以小的圓形模型將麵皮切割成小圓圈狀，從模型邊緣開始擺放至鹹派中央，將圓形派皮邊緣互相交疊。以刷子沾取打散的蛋液抹在派皮上。

放入烤箱烘烤 25 分鐘並細心看顧，直到鹹派呈現金黃色為止。

帶有榛果味的秋季鹹派……

分量	準備時間	烘烤時間	靜置時間
3 至 4 人分	10 分鐘	20 分鐘	1 小時

So British
英倫風鹹派

蛋、培根搭配千層派皮麵團。

千層派皮麵團
240 公克冰奶油－ 200 公克麵粉－ 1 撮鹽

餡料
4 條煙燻培根肉片－ 90 毫升鮮奶油－ 60 公克葛瑞爾乾酪刨片（gruyère）－ 4 顆蛋
1 把蝦夷蔥－鹽、胡椒

前一天：先將一瓶水放入冰箱裡備用。

製作當天：將奶油切成小塊，放入冷凍庫裡 15 分鐘。

製作千層派皮麵團（請見技巧 P. 15）：
在攪拌盆中將奶油、麵粉及鹽混合在一起，並用指尖粗略拌攪，奶油應保持能被看見的程度。慢慢加入 90 公克冰水，快速揉捏直到形成有黏性的麵團為止。壓成有厚度的長方形麵團，以保鮮膜包起來，放入冰箱裡至少一小時。

製作餡料：將鮮奶油、葛瑞爾乾酪加入鹽及胡椒攪拌均勻。

《在鹹派中品嚐英式早餐！》一種非常簡單的鹹派，非常適合在朋友間相聚的早午餐時間享用。

烤箱預熱至 180°C，在撒了麵粉的工作檯上，將麵團擀成約 0.5 公分厚長方形薄片，切成長方形。以刀子在距離派皮邊緣 1 公分處，沿著邊緣畫出刀痕做為派皮邊框。打散 1 顆蛋，用刷子沾取蛋液刷在長方形派皮邊緣上。以叉子在麵皮中央戳洞。

將鮮奶油、葛瑞爾乾酪醬塗在麵皮上，不超出邊框。放上煙燻培根片，並放入烤箱烘烤 14 至 15 分鐘。

將鹹派從烤箱中取出，將最後 3 顆蛋打在鹹派上，接著再放入烤箱中烘烤 5 分鐘。

品嚐前，將切碎的蝦夷蔥撒在鹹派上。

分量	準備時間	烘烤時間	靜置時間
6 至 8 人分	45 分鐘	3 小時 10 分鐘	1 小時

Pulled pork pie
手撕豬肉餡餅

手撕豬肉與蕪菁，搭配肉桂麵包麵團。

麵包麵團
250 公克斯佩爾特小麥麵粉（Spelt flour）－ 125 公克切成小塊的軟奶油－ 1 顆蛋＋ 1 顆塗抹派皮用
1 撮鹽

餡料
1 公斤豬帶骨肩胛肉－ 1 顆切碎的洋蔥－ 8 顆蕪菁
250 公克蘋果泥－ 125 公克蘋果汁－ 125 公克蘋果醋
100 公克紅糖－適量油

奶油醬
200 毫升液態鮮奶油－ 125 公克莫札瑞拉起司－ 3 瓣大蒜－少許百里香

製作麵包麵團：將小塊軟奶油與麵粉放入攪拌盆裡拌勻，加入蛋、少許水及鹽。直到混合均勻，塑形成 2 個球狀，以保鮮膜包覆，靜置冰箱冷藏約 1 小時。

將烤箱預熱至 150℃。

製作餡料：將豬帶骨肩胛肉表面刷上油。在不沾平底鍋裡，以大火煎至表面呈金黃色。在攪拌盆裡將蘋果泥、蘋果汁與蘋果醋及紅糖一起攪拌均勻。取鑄鐵鍋或是可放入烤箱的煎鍋，倒入一點油拌炒切碎的洋蔥，還有切成小塊的蕪菁，再放入豬肉，並倒入蘋果混和餡料。將鑄鐵鍋蓋好放入烤箱烘烤 2 小時 30 分鐘。於烘烤中途取出，將豬肉翻面並且舀起鑄鐵鍋底部醬汁反覆澆淋，再放入烤箱裡繼續烤。

製作奶油醬：在小平底鍋裡，將一瓣壓碎的大蒜、百里香與液態鮮奶油一起加熱。接著離火靜置入味 30 分鐘，再取出大蒜及百里香。將莫札瑞拉起司切成小

豬肉十足入味的慢燉食譜……全都在美式格狀餡餅裡。

塊狀，加入鮮奶油裡攪拌。

確認豬肉是否烤熟，以叉子能簡單的撕開豬肉就表示烤好了，將鑄鐵鍋從烤箱中取出。

在撒了麵粉的工作檯上，將第一個麵團擀成約 0.5 公分厚的薄片。把麵皮放入事先抹上奶油及撒上麵粉的塔派模型裡（或是慕斯圈模型）。撕開豬肉，並與鑄鐵鍋裡剩下的醬汁一起混合均勻。平鋪在派皮上，倒入奶油醬並在豬肉上撒上小塊莫札瑞拉起司。

將第二個麵團擀成約 0.5 公分厚的薄片，並切成長條形，編織成網狀鋪在餡餅上（請見技巧 P.21）。打散蛋，以刷子沾取蛋液刷在麵皮上。

放入烤箱烘烤 50 分鐘，並不時看顧，直到餡餅呈現金黃色為止。

分量	準備時間	烘烤時間	靜置時間
6 至 8 人分	30 分鐘	40 分鐘	1 小時

La campagnarde
田園鹹派

馬鈴薯、洛克福乳酪、榛果。加入裸麥粉的酥脆塔皮麵團。

酥脆塔皮麵團
100 公克的裸麥粉－ 150 公克切成小塊的軟奶油－ 1 顆蛋－ 25 公克帕馬森乾酪

餡料
500 公克馬鈴薯－ 100 公克義大利培根－ 1 顆洋蔥－ 1 瓣大蒜
150 公克洛克福乳酪（roquefort）－ 250 毫升液態鮮奶油－ 70 公克葛瑞爾乾酪刨片（gruyère）
15 公克榛果－ 1 顆蛋－適量鹽、胡椒

製作酥脆塔皮麵團（請見 P.15 技巧）：在攪拌盆裡以打蛋器將軟奶油打至膏狀或使用攪拌機。加入麵粉、蛋及帕馬森乾酪。直到麵團混合均勻，塑形成球狀，以保鮮膜包覆，靜置冰箱冷藏約 1 小時。

製作餡料：洗淨馬鈴薯，帶皮蒸 15 分鐘。切成略有厚度的薄片，小心碎掉。

在平底鍋內將義大利培根煎 5 分鐘呈金黃色。以小鍋加熱液態鮮奶油及壓碎的蒜瓣，在沸騰前關火。以鹽及胡椒調味。

將烤箱預熱至 180℃。在撒了麵粉的工作檯上，將麵團擀成約 0.5 公分厚的薄片。將麵皮放入事先抹上奶油及撒上麵粉、深度夠深的模型裡（請見 P.18 技巧）。

切除派皮邊緣，留下比模型邊緣高 1 公分的高度。利用剩餘的麵皮，以菱形裝飾模型切割成不同形狀的小派皮，來製作重疊裝飾派皮。

在派皮底部，交錯堆疊鋪上馬鈴薯、切成薄片的洋蔥、碎洛克福乳酪、切成小塊的義大利培根。將所有的鮮奶油餡料倒入，最後撒上葛瑞爾乾酪片與細碎榛果。

將派皮邊往內折，放上切割好的菱形派皮一個個交疊上去，利用打散的蛋液將它們沾黏固定在派皮上。

放入烤箱烘烤約 30 至 40 分鐘，直到鹹派呈現金黃色為止。

> 美味更勝多菲內焗烤馬鈴薯：其中富含洛克福乳酪以及更多驚喜滋味！

分量	準備時間	烘烤時間	靜置時間
4 至 6 人分	30 分鐘	30 分鐘	1 小時

Petites tourtes d'automne
秋日小餡餅

白胡桃南瓜、羊奶乳酪、培根，搭配蕎麥鄉村麵團。

酥脆塔皮麵團
150 公克蕎麥粉－ 125 公克裸麥粉
125 公克切成小塊的軟奶油－ 1 顆蛋－ 1 撮鹽

餡料
1 小顆白胡桃南瓜－ 500 公克歐索依拉提乳酪（Ossau Iraty）
150 公克煙燻培根肉片－ 1 顆蛋

製作酥脆塔皮麵團（請見 P.15 技巧）：在攪拌盆裡以打蛋器將軟奶油打至膏狀或使用攪拌機。加入麵粉、蛋、些許水及鹽。攪拌至麵團混合均勻，塑形成 2 顆球狀麵團，以保鮮膜包覆，靜置冰箱冷藏約 1 小時。

將烤箱預熱至 240°C。

製作餡料：將南瓜去皮切成片狀後，加熱 10 分鐘。在蒸熟南瓜片的同時，以平底鍋來加熱煙燻培根片。

將烤箱溫度降至 180°C。在工作檯上，將第一球麵團擀成約 0.5 公分厚的薄片。把麵皮放入一個事先抹上奶油及撒上麵粉的大模型裡，或是數個小模型裡（請見 P.18 技巧）。以叉子在麵皮底部戳洞，並將乳酪片、南瓜片、煙燻培根片交錯排入派皮。最後撒上乳酪片。

同樣將第二個麵團擀成約 0.5 公分厚薄片，覆蓋在餡料上。利用叉子將派皮邊黏合起來，並在中央留下一個小洞。以刷子沾取打散的蛋液抹在派皮上。

放入烤箱烘烤 30 分鐘並仔細看顧，直到派皮呈現金黃色為止。

這是來自友人柯拉麗的食譜，我就這麼偷學來了，因為這可是人間美味！

分量	準備時間	烘烤時間	靜置時間
8 個小鹹派	30 分鐘	30 分鐘	1 小時

Tarte toute fine
極品菇菇鹹塔

菇類搭配加了帕馬森乾酪的酥脆塔皮麵團。

酥脆塔皮麵團
100 公克麵粉－ 100 公克切成小塊的軟奶油－ 100 公克帕馬森乾酪－ 1 顆蛋黃

餡料
350 公克菇類（依個人喜好挑選）－ 4 個外型美麗的牛肝蕈－ 2 顆紅蔥頭－ 1 瓣大蒜－適量巴西里
50 公克生火腿－ 2 湯匙鴨油－ 2 湯匙橄欖油
適量鹽、胡椒

製作酥脆塔皮麵團（請見 P.15 技巧）：在攪拌盆裡以打蛋器將軟奶油打至膏狀或使用攪拌機。加入麵粉、蛋黃及帕馬森乾酪攪拌，直到麵團混合，塑形成球狀，以保鮮膜包覆，靜置冰箱冷藏約 1 小時。

團擀成約 0.5 公分厚的薄片。將麵皮切成 8 個長方形，擺在鋪好烘焙紙的烤盤中。在上面蓋上第二層烘焙紙後，再放上乾燥豆子或使用烘焙石避免麵皮膨脹。放入烤箱烘烤 15 分鐘。

製作餡料：將紅蔥頭去皮切成薄片後，以各 1 湯匙的鴨油及橄欖油來油漬。

洗淨菇類，切成薄片，與紅蔥頭一起煎熟。接著加入切成薄片的蒜瓣及切成小塊的火腿。繼續煎 5 分鐘後加入胡椒，靜置備用。

加上些許鴨油，
一切都很完美！

洗淨牛肝蕈，沿著長邊切片。接著利用剩下的鴨油及橄欖油煎成金黃色。

在每個塔皮上，放上一點菇類與火腿混合餡料，及一片金黃上色的牛肝蕈，撒上些許切碎的巴西里。

將烤箱預熱至 180℃，在撒了麵粉的工作檯上，把麵

分量	準備時間	烘烤時間	靜置時間
8 人分	30 分鐘	40 分鐘	1 小時

La force du sucré-salé
布利乳酪鹹甜塔

布利乳酪與榲桲，搭配加了核桃、蜂蜜的酥脆塔皮麵團。

酥脆塔皮麵團

280 公克麵粉－ 125 公克切成小塊的軟奶油－ 1 顆蛋－ 50 公克蜂蜜
30 公克核桃粉－ 1 撮鹽

餡料

4 顆榲桲－ 1 大塊布利乳酪（brie）－ 3 顆蛋－ 180 毫升液態鮮奶油－ 20 公克帕馬森乾酪
蝦夷蔥－ 1 湯匙橄欖油－鹽、胡椒

製作酥脆塔皮麵團（請見 P.15 技巧）：在攪拌盆裡以打蛋器將軟奶油打至膏狀或使用攪拌機。加入麵粉、蛋、蜂蜜、核桃粉及鹽。攪拌直到麵團混合均勻，塑形成球狀，以保鮮膜包覆，靜置冰箱冷藏約 1 小時。

製作餡料：榲桲去皮，以去核器將中間的籽去除後，切成 1 公分厚的圓片。在平底鍋裡加入橄欖油加熱，放入切片後的榲桲以大火加熱，上色後將火轉小後，蓋上蓋子繼續烹煮約 10 分鐘。

在攪拌盆裡，將蛋、液態鮮奶油、切碎的蝦夷蔥與帕馬森乾酪片攪拌均勻。

> 特選榲桲、
> 蜂蜜甜美、布利乳酪
> 增添風格。

將烤箱預熱至 180℃。在撒了麵粉的工作檯上，將麵團擀成約 0.5 公分厚的薄片。將麵皮放入事先抹上奶油及撒上麵粉的大模型裡，或是數個小模型裡（請見 P.18 技巧）。以叉子在麵皮底部戳洞，之後將烘焙紙切割與模型同大小，覆蓋在麵皮上做為保護。再放上乾燥豆子或使用烘焙石避免麵皮膨脹。放入烤箱烘烤 10 分鐘。

當塔皮烤熟後，從烤箱中取出，在裡面抹上奶油，擺上榲桲片，最後放上一片布利乳酪。撒鹽及胡椒，再放入烤箱中 30 分鐘。品嚐前可以淋上些許蜂蜜。

分量	準備時間	烘烤時間	靜置時間
6 人分	20 分鐘	40 分鐘	1 小時

Fleurs de choux
花椰菜餡餅

3 種花椰菜，史卡莫扎煙燻乳酪及檸檬，搭配加了蕎麥粉的酥脆塔皮麵團。

酥脆塔皮麵團

150 公克蕎麥粉－ 150 公克斯佩爾特小麥麵粉（Spelt flour）－ 140 公克切成小塊半鹽軟奶油
2 顆蛋＋ 1 顆蛋塗抹派皮用

餡料

5 朵花椰菜－ 5 朵羅馬花椰菜－ 5 朵綠花椰菜
1 個煙燻莫札瑞拉起司（史卡莫扎 scarmoza）－ 180 毫升液態鮮奶油
3 顆蛋＋ 1 顆蛋塗抹派皮用－ 20 公克帕馬森乾酪
適量蝦夷蔥－少許松子－ 1 顆檸檬

製作酥脆塔皮麵團（請見 P.15 技巧）：在攪拌盆裡以打蛋器將軟奶油打至膏狀或使用攪拌機。加入粉類、蛋，攪拌直到麵團混合均勻，塑形成 2 個球狀麵團，以保鮮膜包覆，靜置冰箱冷藏約 1 小時。

將各種花椰菜蒸 10 分鐘。把液態鮮奶油、蛋、帕馬森乾酪碎片、切碎的蝦夷蔥與半顆檸檬汁一起混合拌勻。

將烤箱預熱至 180℃，在撒了麵粉的工作檯上，將第一個麵團擀成約 0.5 公分厚的薄片。把麵皮放入事先抹上奶油及撒上麵粉、足夠深的模型裡（請見 P.18 技巧）。

這是道精巧又讓人驚奇的餡餅。

留下比模型邊緣高度高 1 公分的麵皮，其餘的切除。將花椰菜放入餡餅底部，再放入煙燻莫札瑞拉起司片與松子，接著倒入鮮奶油混合物。

將第二個麵團擀成約 0.5 公分厚的薄片。並切成比塔派模型直徑稍小的圓形。取小的圓形模型在麵皮上壓出數個小洞，做成類似蜂巢形狀。輕輕地將麵皮放在餡餅最上頭，接著將邊緣的麵皮折回與造型麵皮黏合好，利用刷子沾取蛋液塗抹在麵皮上。

放入烤箱烘烤約 30 至 40 分鐘。品嚐前淋上檸檬汁。

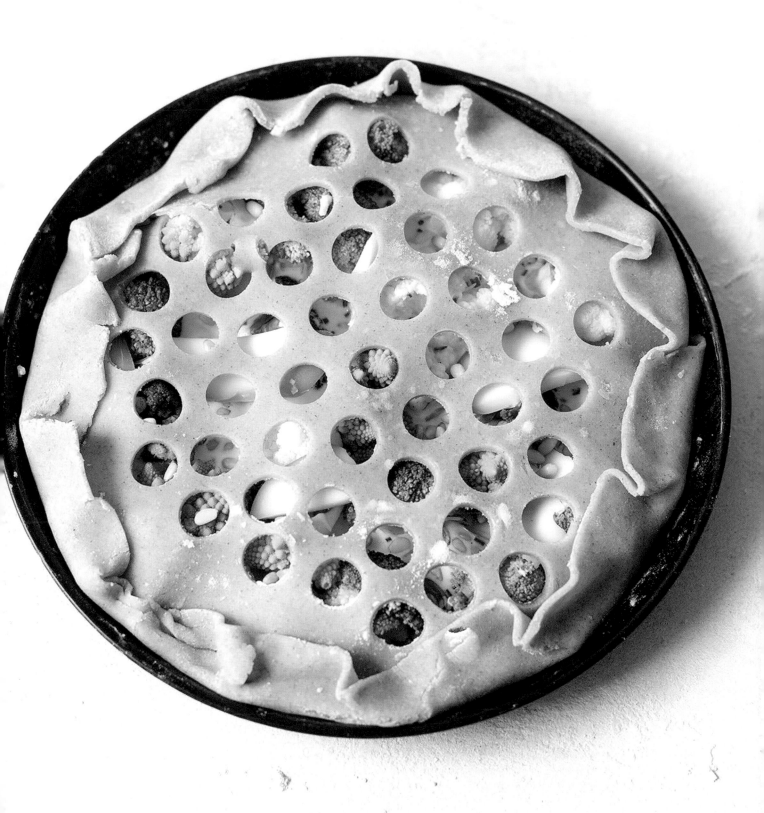

分量	準備時間	烘烤時間	靜置時間	冷卻時間
8 人分	30 分鐘	30 分鐘 蛋白霜 1 小時 30 分鐘	1 小時	甘納許 2 小時

Le mont-blanc
蒙布朗

紅絲巧克力、蛋白霜烤餅、栗子奶油，搭配加了杏仁粉與鹽味奶油的酥脆塔皮麵團。

酥脆塔皮麵團

220 公克麵粉－ 120 公克切成小塊鹽味軟奶油－ 60 公克糖粉
30 公克烘焙用杏仁粉－ 1 顆蛋－ 1 撮鹽

巧克力甘納許

300 公克杜絲牛奶巧克力（Dulcey）－ 240 毫升液態鮮奶油－ 1 罐栗子奶油

蛋白霜烤餅

150 公克蛋白－ 60 公克細白砂糖－ 50 公克糖粉
些許糖漬栗子

製作酥脆塔皮麵團（請見 P.15 技巧）：在攪拌盆裡以打蛋器將軟奶油打至膏狀或使用攪拌機。加入麵粉、糖粉、杏仁粉、鹽與蛋。攪拌至麵團混合均勻，塑形成球狀，以保鮮膜包覆，靜置冰箱冷藏約 1 小時。

將烤箱預熱至 180°C。在撒了麵粉的工作檯上，將麵團擀成約 0.5 公分厚的薄片。把麵皮放入事先抹上奶油及撒上麵粉的模型裡（請見 P.18 技巧）。以叉子先在麵皮底部戳洞，將烘焙紙切割與模型同大小，覆蓋在麵皮上做為保護。再放上乾燥豆子或使用烘焙石避免麵皮膨脹。放入烤箱烘烤 30 分鐘。

將烤好的塔皮從烤箱中取出，抹上 4 至 5 湯匙的栗子奶油。

製作杜絲巧克力甘納許：將巧克力切成小塊放入耐熱容器裡。將液態鮮奶油煮沸，分三次倒入巧克力裡不停攪拌，直到混和物變得光滑為止。將巧克力甘納許倒入已經抹了栗子奶油的塔皮，靜置於陰涼的地方約 2 小時。

製作蛋白霜烤餅：將烤箱預熱至 100°C。以電動攪拌器將蛋白打發，同時一點一點地加入細白砂糖一起打發。當蛋白霜已經打發至堅挺的霜狀，再輕輕加入糖粉攪拌。蛋白霜應該呈現光滑濃稠狀。

在鋪有烘焙紙的烤盤上隨意放上幾大匙蛋白霜，放入烤箱以 100°C 烘烤 1 小時至 1 小時 30 分鐘。接著取出放涼。

將大塊的蛋白霜烤餅弄碎，撒在塔上做為裝飾。放上幾個糖漬栗子，以擠花袋裝入栗子奶油，在塔上細細擠出栗子奶油做為裝飾。

巧克力與栗子的濃郁美味，再以蛋白霜烤餅輕巧點綴。

分量	準備時間	浸泡時間	烘烤時間	靜置時間
8 個小塔派	30 分鐘	20 分鐘	1 小時 ＋蛋白霜烤餅 40 分鐘	1 小時

Bouchées d'automne
秋日一口塔

李子與蛋白霜烤餅，搭配加了榛果的油酥塔皮麵團。

油酥塔皮麵團
200 公克麵粉－ 125 公克切成小塊的冰奶油－ 125 公克細白砂糖
1 顆蛋－ 50 公克榛果粉

餡料
400 公克李子－ 90 公克糖－ 150 毫升牛奶－ 150 毫升液態鮮奶油－ 3 顆蛋
1 顆檸檬皮屑－ 1 根香草莢

蛋白霜烤餅
3 個蛋白－ 150 公克糖

製作油酥塔皮麵團（請見 P.16 技巧）：在攪拌盆裡，以手指將小塊冰奶油及麵粉攪拌呈現沙子狀後，加入榛果粉、蛋與糖。直到麵團充分融合，塑形成球狀，以保鮮膜包覆，靜置冰箱冷藏約 1 小時。

將烤箱預熱至 180℃。

製作餡料：將李子洗淨，切成兩半並去核。將李子平面朝上放在鋪有烘焙紙的烤網上。撒上 50 公克糖後放入烤箱烘烤約 15 分鐘。
將牛奶與鮮奶油倒入小鍋裡以中火加熱。加入檸檬皮屑、剖開的香草莢並且刮出香草籽。混和均勻後，關火浸泡約 20 分鐘。

在撒了麵粉的工作檯上，將麵團擀成約 0.5 公分厚的薄片。將麵皮放入 8 個事先抹上奶油及撒上麵粉的小塔派模型裡（請見 P.18 技巧）。

以叉子先在麵皮底部戳洞，將烘焙紙切割與模型同大小，覆蓋在麵皮上做為保護。再放上乾燥豆子或使用烘焙石避免麵皮膨脹。放入烤箱烘烤 10 分鐘，溫度保持在 180℃。

當麵皮烤好後，從烤箱中取出放涼。

將蛋與剩下的糖一起打散，加入鮮奶油混合液裡拌勻。將混合液倒入烤好的塔皮底部，並放上半個李子。再烘烤 30 分鐘。

製作蛋白霜烤餅：先將蛋白打發呈硬挺的霜狀，再一點一點加入糖。裝入擠花袋，將蛋白霜擠在塔上。

烤箱溫度降至 110℃，接著把擠了蛋白霜的塔放入烤箱烘烤 30 至 40 分鐘，仔細看顧避免蛋白霜烤餅燒焦。

> 蛋白霜烤餅的黏性與糖份，與酸甜的烤熟李子搭配，成為獨一無二的小塔派。

分量	準備時間	烘烤時間	靜置時間
6 至 8 人分	15 分鐘	40 分鐘	1 小時

La grande gourmande
焦糖堅果美味塔

焦糖與核桃，搭配加了香草糖的酥脆塔皮麵團。

酥脆塔皮麵團

220 公克麵粉－ 125 公克切成小塊的軟奶油－ 1 顆蛋－ 100 公克黃砂糖
1 包香草糖（7.5 公克）

餡料

150 公克液態鮮奶油－ 100 公克奶油－ 500 公克細白砂糖
150 公克烘烤過的整粒杏仁－ 60 公克烘烤過的榛果－ 60 公克的核桃

製作酥脆塔皮麵團（請見 P.15 技巧）：在攪拌盆裡以打蛋器將軟奶油打至膏狀或使用攪拌機。加入麵粉、糖與蛋。攪拌直到麵團混合均勻，塑形成球狀，以保鮮膜包覆，靜置冰箱冷藏約 1 小時。

將烤箱預熱至 180°C，在撒了麵粉的工作檯上，將麵團擀成約 0.5 公分厚的薄片。把麵皮放入事先抹上奶油及撒上麵粉的模型或是慕斯圈模型裡（請見 P.18 技巧）。以叉子先在麵皮底部戳洞，之後將烘焙紙切割與模型同大小，覆蓋在麵皮上做為保護。再放上乾燥豆子或使用烘焙石避免麵皮膨脹。放入烤箱烘烤 30 分鐘。

製作餡料：切碎核桃、榛果與杏仁。將它們平鋪於鋪好烘焙紙的烤盤上，放入烤箱烘烤 10 分鐘，保持 180°C 溫度來烘烤。

將砂糖倒入小鍋裡以大火加熱融化。將鮮奶油煮沸並加入已經完全融化的砂糖，把火轉小，加入奶油及所有堅果類。

將焦糖堅果醬倒在已經烤熟的塔皮上。放涼後再品嚐。

酥脆、美味，只融你口的美味小點！

分量	準備時間	烘烤時間	靜置時間
6 至 8 人分	20 分鐘	55 分鐘	1 小時

La crème de la crème brûlée
焦糖烤布蕾塔

焦糖布丁，搭配香草風味的油酥塔皮麵團。

油酥塔皮麵團
200 公克麵粉－ 125 公克切成小塊的冰奶油－ 1 顆蛋－ 100 公克黃砂糖
2 包香草糖（1 包 7.5 公克）

餡料
450 公克全脂液態鮮奶油－ 75 公克全脂牛奶－ 6 顆蛋黃＋ 1 顆蛋白
3 根香草莢－ 75 公克細白砂糖－ 250 公克紅糖

製作油酥塔皮麵團（請見 P.16 技巧）：在攪拌盆裡，以手指將小塊冰奶油及麵粉攪拌，呈現沙子狀。再加入蛋及糖、香草糖，直到麵團充分融合，塑形成球狀，以保鮮膜包覆，靜置冰箱冷藏約 1 小時。

製作餡料：將牛奶及鮮奶油倒入小鍋中，剖開香草莢刮出香草籽，一起加入鍋裡。煮沸後關火浸泡約 10 分鐘。在攪拌盆裡，將細白砂糖與蛋黃打散，一點一點地倒入加熱後的溫牛奶，仔細攪拌均勻。過濾後倒回小鍋裡，以小火加熱並不停攪拌直到呈現濃稠狀。靜置直到有足夠的稠度為止（但請小心別放太久，免得太稠會變成英式奶醬！）

將烤箱預熱至 180℃。在撒了麵粉的工作檯上，將麵團擀成約 0.5 公分厚的薄片。把麵皮放入事先抹上奶油及撒上麵粉的模型，或是慕斯圈模型裡（請見 P.18 技巧）。以叉子先在底部戳洞，接著將烘焙紙切割與模型同大小，覆蓋在麵皮上做為保護。再放上乾燥豆子或烘焙石避免麵皮膨脹。放入烤箱烘烤 10 分鐘。

直到塔皮烤熟後從烤箱中取出。將烤箱溫度降溫至 90℃。以刷子沾取蛋白刷在塔皮上，再放入烤箱烤 3 分鐘。

將餡料倒入塔皮，接著再烘烤 40 分鐘。直到布丁成形，搖晃時會呈現有點顫動的狀態，就可以從烤箱中取出。放置於陰涼處至少 1 小時冷卻。

品嚐之前，在布蕾塔上撒滿紅糖，放入烤箱底層烘烤或是利用噴槍使紅糖焦糖化。重複烤幾次讓塔皮表層變得酥脆。請盡快享用。

有著好吃的麵皮，焦糖烤布蕾塔必會是一道理想甜點……這樣便完成啦！

分量	準備時間	烘烤時間	靜置時間
6 至 8 人分	20 分鐘	45 分鐘	1 小時

La toute douce
甜蜜柳橙塔

柳橙搭配如同巧克力豆餅乾的麵團。

酥脆塔皮麵團

290 公克麵粉 － 175 公克切成小塊的軟奶油 － 1 顆蛋 － 65 公克糖粉
1 湯匙巧克力豆 － 1 茶匙杏仁榛果醬

柳橙杏仁奶油

2 顆柳橙 － 90 毫升柳橙汁 － 2 顆蛋 － 75 公克液狀奶油
110 公克糖粉 － 95 公克烘焙用杏仁粉

鮮奶油醬

85 公克奶油 － 1 顆蛋 ＋ 1 顆蛋黃 － 85 公克糖 － 5 公克玉米粉 － 80 毫升柳橙汁
1 顆檸檬皮屑

製作酥脆塔皮麵團（請見 P.15 技巧）：在攪拌盆裡以打蛋器將軟奶油打至膏狀或使用攪拌機。加入麵粉、糖粉、蛋、巧克力豆與杏仁榛果醬。攪拌直到麵團混合均勻；塑形成球狀，以保鮮膜包覆，靜置冰箱冷藏約 1 小時。

將烤箱預熱至 180℃。在撒了麵粉的工作檯上，將麵團擀成約 0.5 公分厚的薄片。把麵皮放入一個事先抹上奶油及撒上麵粉的大模型裡，或是 6 到 8 個小模型裡（請見 P.18 技巧）。以叉子先在麵皮底部戳洞，之後將烘焙紙切割與模型同大小，覆蓋在麵皮上做為保護。再放上乾燥豆子或使用烘焙石避免麵皮膨脹。放入烤箱烘烤 10 分鐘。

製作柳橙杏仁奶油：刨下 2 顆柳橙皮屑，將柳橙汁與蛋、糖粉、液狀奶油、杏仁粉與柳橙皮屑一起攪拌均勻。將混和好的奶油一起倒入塔皮底部，接著再放入烤箱中烘烤 35 分鐘。烤好後取出放涼。

柳橙的清新
搭配底部的
杏仁奶油醬……

製作鮮奶油醬：在小鍋裡，打散蛋與蛋黃，加入糖、玉米粉、檸檬皮屑與柳橙汁。煮沸後離火，加入奶油。將準備好的餡料倒入已經有放涼的杏仁奶油醬的塔皮裡。

將甜蜜柳橙塔放入冰箱冷藏約 1 小時。以柳橙皮屑或是柳橙切片來裝飾。

分量	準備時間	烘烤時間	靜置時間
6 至 8 人分	30 分鐘	30 分鐘	1 小時

Galets dorés
黃金蘋果派

蘋果與焦糖鹹奶油，搭配加了杏仁粉的甜麵團。

酥脆塔皮麵團

200 公克麵粉－ 125 公克切成小塊的軟奶油－ 1 顆蛋－ 50 公克烘焙用杏仁粉
50 公克糖粉

餡料

8 顆蘋果－ 600 公克糖－ 100 ＋ 50 公克半鹽奶油
500 毫升鮮奶油－ 1 顆蛋－ 1 湯匙紅糖

製作酥脆塔皮麵團（請見 P.15 技巧）：在攪拌盆裡以打蛋器將軟奶油打至膏狀或使用攪拌機。再加入麵粉、杏仁粉、蛋與糖粉。攪拌直到麵團混合均勻，塑形成球狀，以保鮮膜包覆，靜置冰箱冷藏約 1 小時。

製作餡料：取小鍋，把糖以大火一邊攪拌加熱融化。糖融化後轉小火持續攪拌，直到呈現棕色的焦糖為止。加入 100 公克奶油、接著加入鮮奶油，攪拌直到融合均勻。

將蘋果切成丁。取平底鍋加入 50 公克奶油，將蘋果丁以小火煮熟。蓋上鍋蓋繼續加熱上色約 10 分鐘。加入焦糖醬後攪拌，再煮幾分鐘。

經典的蘋果派……還有什麼能讓秋天的週末雀躍起來呢？

將烤箱預熱至 180℃。在撒了麵粉的工作檯上，將麵團擀成約 0.5 公分厚的薄片。把馬芬模型事先抹上奶油及撒上麵粉，將麵皮切成比模型略大的圓形放入模型中，以手使麵皮貼平模型底部（請見 P.18 技巧）。用叉子在麵皮上戳洞，再鋪上焦糖蘋果。

再取一個圓形麵皮，蓋在蘋果派上方，並將底部邊緣的麵皮折回與上方的麵皮黏合。取刷子沾取打散的蛋液塗抹在派皮表層，接著撒上紅糖。在每個派上方戳個小洞。

將蘋果派放入烤箱中烘烤 30 分鐘。

分量	準備時間	烘烤時間	靜置時間
10 個小塔派	30 分鐘	15 分鐘	1 小時

Pasteis de nata
葡式蛋塔

香草布丁塔配千層派皮麵團。

千層派皮麵團
240 公克非常冰的奶油－ 200 公克的麵粉－ 4 茶匙糖
1 小撮鹽

餡料
500 毫升牛奶－ 2 顆蛋＋ 4 顆蛋黃－ 250 公克糖－ 35 公克麵粉－ 2 根香草莢
1 湯匙玉米粉－ 3 湯匙檸檬汁－ 1 小撮鹽

前一晚：將一大瓶水放入冰箱冷藏備用。

製作當天：將奶油切成小塊；放入冷凍庫裡 15 分鐘。

製作千層派皮麵團（請見 P.14 技巧）：將冰奶油、麵粉、糖與鹽倒入攪拌盆裡攪拌，以手指先將材料混合，應該還可以看得見奶油的狀態。接著加入 90 公克的冰水，攪拌直到麵團均勻有黏性為止，塑形成長條狀麵團，以保鮮膜包覆，放入冰箱靜置約 1 小時。

製作餡料：剖開香草莢刮出香草籽，與牛奶一起放入鍋裡加熱。煮沸後關火浸泡 10 分鐘。在攪拌盆裡，將糖、蛋與蛋黃打散攪拌直到顏色接近白色，再加入

玉米粉、麵粉、檸檬汁及鹽，與煮沸的牛奶攪拌混合，一起倒回小鍋裡加熱，一邊不停攪拌再度煮沸，直到奶醬能附著在湯匙上，就代表餡料已經完成。取出香草莢，離火放涼。

香濃酥脆的好滋味！

將烤箱預熱至 240℃。將長條麵團切成十個小圓麵團，接著壓扁。在撒上麵粉的工作檯上將麵團擀成約 0.5 公分厚的薄片。把蛋塔模型事先抹上奶油與及撒上麵粉，將塔皮放入模型並貼平邊緣及底部（請見 P.18 技巧）。

將醬料倒入塔皮，放入烤箱烘烤 10 至 15 分鐘。如果表面並未呈現足夠的焦糖色，請再移至烤箱下層烘烤一下。

分量	準備時間	烘烤時間	靜置時間
6 個小塔派	30 分鐘	45 分鐘	1 小時

Les poires de novembre
11 月梨子塔

梨子與杏仁榛果醬，搭配榛果油酥塔皮麵團。

油酥塔皮麵團

280 公克麵粉－ 200 公克切成小塊的冰奶油－ 100 公克糖粉
100 公克榛果粉－ 1 顆蛋黃－ 1 撮鹽

餡料

4 個外型漂亮的梨子－ 90 公克糖－ 50 公克奶油－ 150 毫升牛奶－ 150 毫升液態鮮奶油
3 顆蛋＋ 1 顆蛋白－ 1 根香草莢－ 200 公克杏仁榛果巧克力－ 50 公克榛果

製作油酥塔皮麵團（請見 P.16 技巧）：在攪拌盆裡，以手指將小塊冰奶油及麵粉攪拌均勻，直到呈現沙子狀。加入糖粉、榛果粉、蛋黃及鹽。直到麵團充分融合，塑形成球狀，以保鮮膜包覆，靜置冰箱冷藏約 1 小時。

製作餡料：梨子削皮，沿著長邊切成兩半並去除果核。將奶油與 50 公克的糖在平底鍋內加熱融化，放入切好的梨子，蓋上蓋子以小火煮 10 至 15 分鐘，期間輕輕地將梨子翻面烹煮。

將牛奶與液態鮮奶油在小鍋內以中火加熱。加入剖開的香草莢並刮出香草籽，一起加入鍋裡，攪拌並離火浸泡入味 10 分鐘。

將 3 顆蛋與剩下的糖一起打散，再加入煮好的鮮奶油混合攪拌。把 160 公克的杏仁榛果巧克力隔水加熱融化後，倒入上述的鮮奶油混合液裡輕輕攪拌。

> 以奶油將梨子煎熟，加上杏仁榛果巧克力……真是人間美味。

將烤箱預熱至 180°C。在撒了麵粉的工作檯上，把麵團擀成約 0.5 公分厚的薄片。將麵皮放入 6 個事先抹上奶油及撒上麵粉的小圓塔模型，或是慕斯圈模型裡（請見 P.18 技巧）。以叉子先在麵皮底部戳洞，之後將烘焙紙切割與模型同大小，覆蓋在麵皮上做為保護。再放上乾燥豆子或使用烘焙石避免麵皮膨脹。放入烤箱烘烤 10 分鐘。

塔皮烤熟後，從烤箱中取出並將溫度降至 150°C。

以刷子沾取蛋白刷在圓塔皮底部，接著再放入烤箱中烘烤 3 分鐘。

將梨子放在塔皮底部，倒入奶油餡料。再度放入烤箱中烘烤 30 分鐘。

把切碎的榛果撒上梨子塔，並趁梨子塔還有熱度時，撒上些許杏仁榛果巧克力小塊。在還有熱度時品嚐。

分量	準備時間	烘烤時間	靜置時間
4 個小塔派	15 分鐘	30 分鐘	1 小時

Tarte tiramisu
提拉米蘇塔

咖啡、馬斯卡彭起司、可可與石榴，搭配加了榛果的斯佩爾特小麥麵團。

酥脆塔皮麵團
110 公克斯佩爾特小麥麵粉（Spelt flour）－ 120 公克切成小塊的軟奶油－ 60 公克紅糖
30 公克榛果粉－ 1 顆蛋－ 1 小撮鹽

餡料
200 公克馬斯卡彭起司－ 100 毫升冰的液態鮮奶油－ 4 湯匙細白砂糖
1 小包香草糖（7.5 公克）－幾根手指餅乾－ 1 顆石榴－ 1 杯咖啡
1 湯匙可可粉

製作酥脆塔皮麵團（請見 P.15 技巧）：在攪拌盆裡以打蛋器將軟奶油打至膏狀或使用攪拌機。加入麵粉、紅糖、榛果粉、蛋、1 湯匙水與鹽。攪拌直到麵團混合均勻，塑形成球狀，以保鮮膜包覆，靜置冰箱冷藏約 1 小時。

將烤箱預熱至 180℃。在撒上麵粉的工作檯上，將麵團擀成約 0.5 公分厚的薄片。將麵皮放入 4 個事先抹上奶油及撒上麵粉的小模型裡（請見 P.18 技巧）。以叉子先在麵皮底部戳洞，將烘焙紙切割與模型同大小，覆蓋在麵皮上做為保護。再放上乾燥豆子或使用烘焙石避免麵皮膨脹。放入烤箱烘烤 30 分鐘。

製作餡料：將冰的液態鮮奶油打發。加入馬斯卡彭起司、細白砂糖與香草糖，不停攪拌直到形成濃稠奶油狀。在塔皮底部抹上一層奶油醬。

將手指餅乾切成數塊。浸泡於咖啡中，再放入塔皮裡。接著加入第二層奶油醬並放入冰箱冷藏 1 小時。

品嚐前，在塔上撒上一層可可粉，並以石榴籽點綴。

依照個人喜好享受香濃好滋味。

分量	準備時間	烘烤時間	靜置時間	甘納許冷藏時間
6 人分	20 分鐘	30 分鐘	1 小時	2 小時

La tout-chocolat
巧克力嘉年華

牛奶巧克力、黑巧克力、鹽之花與花生，搭配加了花生的酥脆塔皮麵團。

酥脆塔皮麵團
200 公克麵粉－ 125 公克切成小塊的軟奶油－ 50 公克鹽味花生
1 顆蛋－ 125 公克細白砂糖

餡料
320 毫升液態鮮奶油－ 150 公克牛奶巧克力－ 100 公克黑巧克力
2 或 3 湯匙的花生醬－ 30 公克鹽味花生－鹽之花

製作酥脆塔皮麵團（請見 P.15 技巧）：在攪拌盆裡以打蛋器將軟奶油打至膏狀或使用攪拌機。把花生以攪拌器打成粉狀，之後加入麵粉、蛋與糖。攪拌直到麵團混合均勻，塑形成球狀，以保鮮膜包覆，靜置冰箱冷藏約 1 小時。

將烤箱預熱至 180°C。在撒上麵粉的工作檯上，將麵團擀成約 0.5 公分厚的薄片。將麵皮放入事先抹上奶油及撒上麵粉的模型裡（請見 P.18 技巧）。以叉子先在麵皮底部戳洞，將烘焙紙切割與模型同大小，覆蓋在麵皮上做為保護。再放上乾燥豆子或使用烘焙石避免麵皮膨脹。放入烤箱烘烤 30 分鐘。

從烤箱中取出派皮，將花生醬抹在派皮底部。

製作牛奶巧克力甘納許：將牛奶巧克力剝成小塊放入

耐熱容器裡。取小鍋，先煮沸 120 毫升的液態鮮奶油，分三次倒入巧克力裡不停攪拌。當混合成光滑狀時，倒入派皮，放入冷藏 2 小時。

製作黑巧克力甘納許：將黑巧克力剝成小塊放入耐熱容器裡。取小鍋。將剩下的鮮奶油煮沸，分成三次倒入巧克力裡不停攪拌。當混合成光滑狀，以保鮮膜將容器表面封好，放入冰箱冷藏 2 小時。

獻給巧克力愛好者……還有花生愛好者！

在品嚐巧克力派前，先將黑巧克力甘納許以電動打蛋器以高速打發成慕斯狀。放入有星形花嘴的擠花袋裡，擠上巧克力派做為裝飾。

將花生壓碎，撒在派上，再撒上些許鹽之花來提味。

Index par ingrédient 食材索引

Index par ingrédient 食材索引

Index par ingrédient 食材索引

Index par ingrédient 食材索引

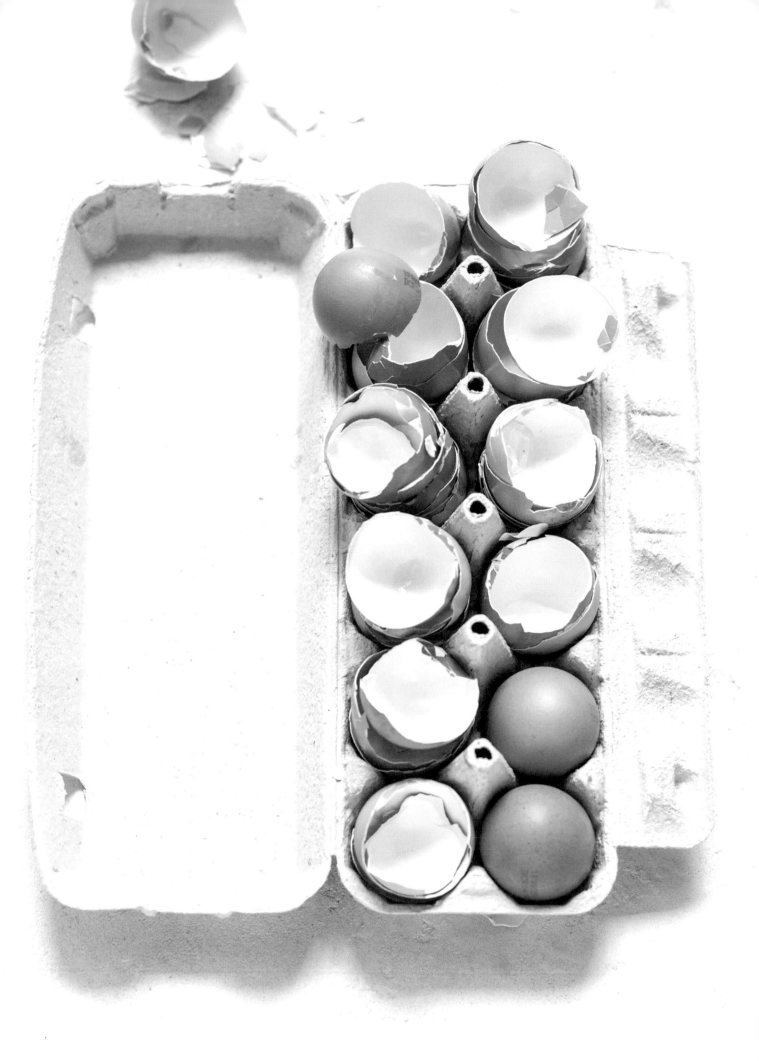

Remerciements
鳴謝

謝謝嘉斯伯，你的忠實協助。在料理台前就好像在 5D Mark III 相機前一樣認真。一直保持著微笑，就算是在泰式檸檬塔已經試做了五遍後⋯⋯

感謝母親，身為激發本書靈感的某些基礎元素。是妳提供我市場蔬菜塔派的好滋味。鄉村櫛瓜、尼斯洋蔥塔⋯⋯不停建議能放在酥脆塔皮上的新點子。

謝謝我生命中的男人們替我品嚐食譜，並提供你們的意見，也不斷給予協助。

謝謝茱莉葉信任我並給予我在寫作上許多自由，也讓這本書得以問世。

維吉妮・卡尼葉 VIRGINIE GARNIER

美食作家與攝影師，不只味覺敏銳，更兼具絕妙的審美眼光。

與許多知名大廚合作，扛著相機穿梭在世界各地的廚房，在勾引人食慾的煙霧與火光間拍下一幀幀照片，

將只能以舌嚐的食物美味，化作眼睛可品的具體圖像。

掌握了「美」與「味」的維吉妮認為：「我們每天都需要美食，正如我們總是需要美麗的影像。」

Dolce Vita 06

破解麵團美味密碼

教你做出與眾不同的法式塔派

Des tartes pas comme les autres: Pour ne plus tourner en rond

作者──維吉妮・卡尼葉丹 Virginie Garnier

譯者──王晶盈

總編輯──郭昕詠

責任編輯──王凱林

編輯──賴虹伶、徐昉驊、陳柔君、黃淑真、李宜珊

通路行銷──何冠龍

封面設計──霧室

排版──菩薩蠻數位文化有限公司

社長──郭重興

發行人兼

出版總監──曾大福

出版者──遠足文化事業股份有限公司

地址──231 新北市新店區民權路 108-2 號 9 樓

電話──(02)2218-1417

傳真──(02)2218-1142

電郵──service@bookrep.com.tw

郵撥帳號──19504465

客服專線──0800-221-029

部落格──http://777walkers.blogspot.com/

網址──http://www.bookrep.com.tw

法律顧問──華洋法律事務所 蘇文生律師

印製──成陽印刷股份有限公司

電話──(02)2265-1491

國家圖書館出版品預行編目(CIP)資料

教你做出與眾不同的法式塔派：破解麵團美味密碼 / 維吉妮・卡尼
葉 (Virginie Garnier) 著；王晶盈譯 . ── 初版 . ── 新北市：
遠足文化・2016.06：(Dolce Vita；6) 譯自：Des tartes pas
comme les autres：Pour ne plus tourner en rond
ISBN 978-986-93230-8-6 (精裝)
1. 點心食譜

427.16   105008946

初版一刷 西元 2016 年 6 月

Printed in Taiwan